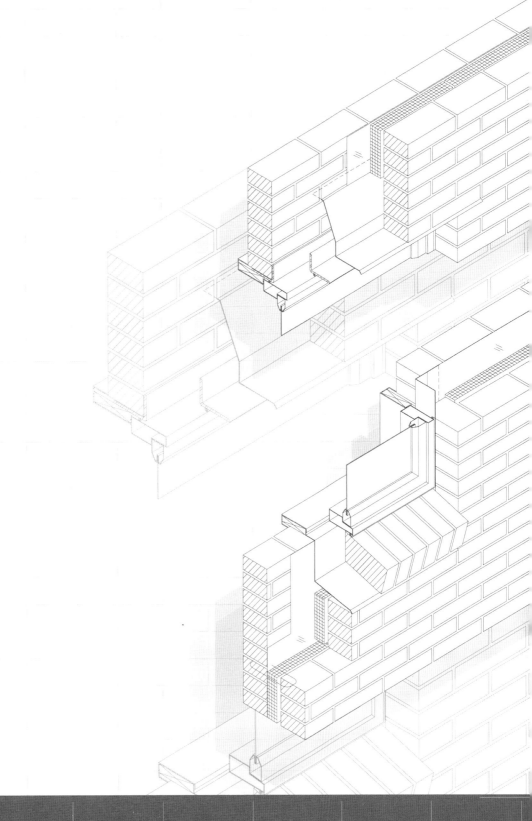

清水磚外牆的永續設計

畢光建 著

淡江大學出版中心

目次

序

中文序

本研究的範圍以「後 1990」的台灣都會地區為主，相關討論也會觸及 1990 以前，和一般性的亞熱帶氣候地區。整個 20 世紀，這些地區在清水磚的設計與營建應用上，變化不大，基本上維持了傳統的「承重牆磚造」，或是與 RC 結構混成的「加強磚造」的作法，「磚造」仍然以解決結構問題為著眼點。「後 1990」年代的一些台灣個案，建築師脫離了磚造的結構性思維，將清水磚視為替代普遍廣泛使用的面磚的材料。在一些經費稍有餘裕的建築案中，建築師藉由清水磚尋求較豐富的外牆質感。這些個案提供的寶貴線索，讓我們瞭解到台灣營建的強項與弱項，和地區性的營建現實。

台灣建築師們興趣缺缺不選擇清水磚作為外牆飾材，主要原因有三：（一）造價比較昂貴（二）工法未盡成熟（三）營建管理複雜。少數建築師使用清水磚外牆的原因，則是因為她的豐富的傳統意象和地方色彩。本研究案分別討論上述三個重要面向，建議改善方法，謀合市場、設計、與營建之間的落差，發展適合台灣的「裝飾磚造」工法，善盡系統性的整合工作。因此，對建築師而言，「清水磚」的外牆應用不僅只是「視覺性」的選擇，她也將是「功能性」的選擇。

「清水磚」從傳統的「結構性材料」，轉變成「裝飾性材料」，從建築的「主體」材料改變成「包被」材料。此思維邏輯將幫助台灣外牆系統的發展，由簡單 RC 外牆加面磚飾材的「單一構造」，進入「複合構造」的系統。本質上是由「濕式施工」演進成「乾式施工」的概念。在工程品質與營建管理上，則提升至多功能、節能永續、精緻營建的「複雜外牆系統」。

英文序

High cost, immature construction method, and complex field management are the three major reasons that the brick veneer has not been much applied in Taiwan. The study focus on overcoming the three mentioned obstacles to improve the popularity of brick veneer design and construction. The developments of several wall models of brick cavity wall have been done. It includes lowering material and constructional complexities of those wall types. The study tests and compares the energy performances and material and labor economics of these wall types as well. The results of the exercises will help to gain the accessibility of these wall types to architects and the construction industry in Taiwan.

The study is making the use of bricks more of a veneer material than a structural material. The concept of the brick is altered from monolithic to layered, or say from massing to skin of building. In order to do this, the exterior wall logic has shifted from "simple wall system" (15 cm RC wall cladding with tiles) to a multifunctional, sustainable, and complex wall design and construction. It is basically converting from "wet" to "dry" construction, from "labor dependent" to "machinery assisted" field operation, from "rough" to "delicate" field management.

關鍵字

本體的 / 層次的或貼皮的（Monolithic / Layered or Cladding）、直接的 / 裝飾的（Literal / Decorative）、裝飾磚造（Brick Veneer Wall）、空心磚造（Cavity Wall）、圬工（Masonry）、濕式與乾式施工（Dry / Wet Construction）、外牆防水與排水（Waterproofing）、外牆防潮（Moisture proofing）、承重牆（Load Bearing Wall）、金屬泛水板（Metal Flashing）、雨簾設計（Rain Screen Wall）、空縫磚造（Open Joint Masonry construction）、隔熱材（Insulation）、建築外殼（Building Envelop）、總耗能（Embodied Energy）、人工依賴（Labor Dependent）、主結構（Main Structure）、牆結構（Wall Structure）、樑柱系統（Post and Lintel）、構造（Tectonic）、營建現實（Construction Reality）

研究內容

研究目的

目前台灣建築案的外牆系統，普遍採用 120 mm 或 150 mm 厚之 RC 構，其結構功能主要為處理水平風力。「面磚飾材」則為表面處理之大宗。此一簡單的外牆系統，難以負載外牆所需之防水與隔熱等基本功能。台灣的新舊建物漏水現象普遍，民眾視漏水為常態。簡易 RC 外牆「夏熱冬冷」，居所舒適性低，民眾大量使用能源積習已久。然而此「簡易 RC 外牆」系統之施作，其工法卻相當複雜耗時，無論是 RC 外牆或面磚飾材均屬「濕式施工」，人為因素大，精準度差，品管困難。

當「環境」、「生態」、「能源」再次成為時代的焦點時，建築物的外殼，作為人工建物與環境周遭的重要介面，將磚造應用在「複雜外牆系統」上，是一次初始的材料試探，目的在解決建物與環境間的介面問題。比之「簡易 RC 外牆」系統，她離開「濕式」與「貼皮」式的「視覺性」的設計與營建概念，進入外牆的「功能性」的討論，永續設計的概念可以「主動式」或「被動式」的落實在建築皮層上，她不僅回答的界面需求，而且開啟此介面許多全新的可能關係。以材料與工法為主體的構造表達（Tectonic），回歸到建築外牆本質性的訴求。

研究方法

本研究的範圍以「後 1990」的台灣都會地區為主，相關的討論也會觸及 1990 以前或一般性的亞熱帶氣候地區。本計畫的研究方法著重於建築師事務所、材料工廠、建築工地與本研究的結合。因此在研究案之各階段，建立回饋與修正（Feed Back and Refinement）的查核流程，將暫時性的結果送給設計、生產、與營建單位，作檢討與改善之依據。建築設計案的調查與研究分為兩大類；「文獻部份」與工地現場之「實務勘察」。文獻部份包括建築案的「施工圖」與「施工規範」的歸納分析。現場實勘部分提供本研究，於施工中營建單位所建議之必要改變，改變的原因，施工技術人員之建議，以及營建管理實務上遭遇的困難等。

　　研究案所建議的「複合式牆系統」，是將外牆的裝飾材料（牆）與功能牆以垂直空氣層分開（cavity wall），裝飾材料以清水磚為主，將清水磚牆與後方功能牆，作四種不同組合，統稱為「裝飾磚造」（brick veneer）。我對此一家族成員，分別提出：材料應用，構造工法，「外牆 U 值與節能比較」，以及單位造價分析的比較。比較的對象以台灣廣泛使用的「面磚 RC 牆」為基準，試圖描述「裝飾磚造」在台灣設計與營建執行上的可行性。並且嘗試列出各類牆種的 C/P 比值（cost/performance），檢視節能的成本效益。同時，我們也以「木作雨淋板」與「鋁合金板」的複合式外牆作為其它牆面飾材的選項，以同樣的方法比較評估，建立參考值。

第一章 台灣磚造之回顧與現況

第一節　台灣磚造工法的沿革

一、磚造承重牆

　　二戰前的台灣，紅磚（現在稱清水磚）曾經是非常普遍的建築材料。城市裡的街屋，依賴紅磚的承重牆系統，與跨距四米上下的木構密樑（wood Joist）地板系統共構，形塑了二三層樓「商住街屋」的典型。在天候與商業功能的需求下，經常可見到磚拱成列，尺度親切的騎樓空間，她成為台灣都市的特有風貌。而在台灣的鄉村，當時四處可見的農戶大多以合院配置，她既滿足數代同堂的大家族的空間需求，也提供了農耕周邊事務的功能需求。無論合院的型制或大小，構造系統普遍是以一層樓高的紅磚承重牆，抬起斜屋頂的木構屋架系統。而屋面常用的紅瓦與紅磚的牆身，也型塑了台灣農村的主要建築風貌。

　　戰後的台灣，國民政府戰敗遷台，人口激增的現實，促使往後島上大量的住宅與公共設施的逐步發生。一九六零年代與七零年代，國民政府在軍事與政治上，雖然稍有喘息的機會，然而生活艱困物質短缺的客觀條件仍然普遍。當時，國際流行的「現代建築」帶著社會主義色彩，關懷民生大眾，便以她的簡易樸實，經濟務實的建築式樣，適時地滿足了台灣戰後的需求。因此，方形盒子狀的（box like）「現代建築」式樣，在那個過渡的年代裡，不斷的複製量產在台灣的鄉村與都市中。這批「新」建築，無可避免的取代了磚木構造的傳統紅磚建築，而她的主要工法則是鋼筋混泥土的 RC 構造。

　　這一次台灣建築的工法變革，其徹底的程度前所未有，其影響之深遠也是始料未及的。如果將之比較亞洲鄰近諸國，則台灣傳統紅磚斷然消失的現象，則更為突顯。此次的工法變革，其影響幾乎無所不在，即便是今天，在台灣的城鄉環境中，她的後遺症仍然歷歷在目，怵目驚心。

　　從傳統的紅磚承重牆構造到純 RC 構造，中間有一段過渡時期，也存在著一種過渡的工法，她是經濟的結果，也是工匠技藝在變革中的轉圜，她就是「加強磚造」。她的形式可以想像成：在格子狀的 RC 樑柱和樓版系統中，以紅磚「充填」於樑柱之

間，創造建築外牆或承重內牆。此處所說的「充填」，並非真正的充填（infill），因為如果將紅磚移走，孤立的 RC 樑柱系統是無法「自立」的。因此，就結構意義而言，加強磚造是一混血的系統，她混成了「樑柱結構」和「承重牆結構」，彼此無法獨立，卻連體相依，互助共生。

二、加強磚造

然而「加強磚造」的工法，在施工營建的過程中，卻是快速經濟，完美無瑕的。砌磚成牆之前，預留柱位，植以鋼筋，磚牆在柱位處打住，當磚牆上升到樓板高度，即可於柱位處的磚牆兩側，夾以模板，灌漿成柱，柱的厚度即為磚牆的厚度。同時，以同樣的方式於樓板處，配置水平鋼筋，夾以模板，灌漿成樑（圖 1-1），或依結構需求，於樓板大樑之間設置水平鎖樑（bond beam），加強磚牆的結構整體性（structural integrity）。加強磚造適用於二至三層建築，高度不宜超過 12 米。今天台灣常見的透天厝，加強磚造的工法仍屬普遍。加強磚造的工法歷經一個世紀，不僅在台灣曾經普遍，在世界其它地方也屬普遍，演變至今，因地制宜的改善，各地不同。今就台灣與歐洲的加強磚造工法的演變，做一比較。

圖 1-1 加強磚造：於樓板處，配置水平鋼筋，夾以模板，灌漿成樑

三、加強磚造在台灣

加強磚造在台灣的普及，並沒有讓台灣的磚造工藝保留下來，也沒有因此而保持住磚造材料的品質。因為 RC 的樑柱在脫模後，其表面品質粗糙，必須以泥灰「粉光」，或飾以其它面材，因此紅磚也與脫模的樑柱一視同仁，視為外牆的「骨料」，於是在它表面作裝飾處理。在台灣的鄉下或城郊，偶而仍可看到透天建築，正立面施以飾材，而其他三面則是裸露的紅磚夾雜著灰色樑柱。一旦紅磚被視為骨料，或是被「包藏」的材料，它的演變和影響出現了兩個面向。其一是，紅磚牆的施工品質因此可以因陋就簡，因為無需考慮紅磚牆「賣像」，它終將被粉光所覆蓋，而紅磚的尺寸也可以因此而隨心所欲了。我們明顯的可以看到台灣市場上的紅磚，顏色、質感、硬度、和尺寸參差不齊的現象，乃至於，當紅磚運至工地時，其損壞剝落的情況，都被包容而不追究。因為紅磚不再露臉，因此，沒有人需要去計算紅磚的尺寸、磚縫的尺寸、或是建築外牆的長度及高度。今天，台灣的紅磚尺寸家家不同，其繁多參差的程度，幾乎已喪失了紅磚與生俱來的「模距」的基本概念。

「視紅磚為骨材」的另一個流變，則是磚造工法已由當年的「砌磚」，演變成如今的「排磚」，砌磚工匠從技術工人，淪為非技術性工人，此一改變，其影響則更為深遠。簡言之就是灰泥只填水平縫，而不填垂直縫。工匠在磚底與磚側以鏝刀敷上灰泥，壓緊填實的傳統工法，已逐漸消失，取而代之的則是，將泥灰以容器倒在整皮的磚上，再將紅磚魚貫排列其上，依牆的長度從頭到尾，一次施作。工法簡單方便，輕鬆省力，儼然也形成一系統性的營建施作方式（圖 1-2）。然而，當你站在疊好的磚牆前，所有的垂直縫都是空縫，因此這道牆的功效大大折減，例如：我們熟悉的集合住宅，大部分的隔間牆今天仍採用磚牆，因此主結構的設計須要能背負這麼多這麼笨重的牆，可是，房間與房間之間，住戶與住戶之間的隔音，卻仍然付之闕如。今天在營建市場上，要找到能砌傳統紅磚的台灣師傅，已是鳳毛麟角，這是我們營建環境中的一大塊缺失。倒是外籍勞工中，來自東南亞國家的營建勞工，則仍有手藝熟練的師傅。

就結構性而言，即便是排磚排出來的紅磚牆，承載垂直重力或是水平風力都不是問題，但是要滿足建築外牆的其它重要功能，便有所不逮了，例如：防水，隔熱。傳統承重牆的牆厚是依據樓層高度之增加而加厚。因為 RC 的補強，牆厚通常是一磚之長度，亦即不超過 24 公分。傳統磚造的防水功能，基本上是依賴外牆的厚度，因為結構

的需要，牆厚通常都比 24 公分來得厚，另外則是依賴磚縫間密實的「水泥砂漿」，以及最後完成前的「抹縫壓實」，抹縫工法的發生既是美觀修飾的需要，它更是防水的必備。簡言之，這些層層密實的防水措施，這些流傳已久的經驗工法，與滲入其中的許多民間智慧，都在這一再簡化，一再便宜行事的遷變中，喪失殆盡。傳統承重磚牆有較厚的外牆，磚牆的儲熱能力（thermal storage capacity）甚佳，36 公分以上的外牆厚度，有絕佳的隔熱效果，而且它的熱質量效應（ thermal mass），可以調整室內的溫度與濕度變化，大幅提高室內的舒適度。

綜觀島內建築外牆的設計，面磚飾材和假面粉光的工法幾乎無所不在，設計邏輯因此愈來愈趨於視覺化（visual）和貼皮化（laminated）。凡此種種，都說明了我們慣用的建築工法，早已背離了氣候環境的邏輯，也背離了節能減碳，綠色建築的宗旨。建築工法是人類文明的表徵之一，建築工法的自明性直陳建築與天候，乃至於人工與自然之間的協商結果。因為長期以往，彼此不斷的答問摸索，不斷的調和沉澱，直至人工與自然之間可以彼此接受，且相互加值。因此，它累積了許多寶貴的民間智慧與環境智慧，歷經不斷修正精煉而得的設計答案。磚造工法在台灣由演變失調，到現在的付諸東流，實在是一頁滄桑的營建史。

圖 1-2 排磚：將泥灰以容器倒在整皮的磚上，再將紅磚魚貫排列其上

四、加強磚造在歐洲

　　加強磚造在今天的歐洲仍是極為普遍的工法（圖 1-4），一個世紀以來，它歷經許多變革，變革中我們看到工業化與機械化的注入，看到材料科技的整合，也看到節約能源的努力。「磚造承重牆」的工法歷經千年，從小尺度的民房，到超級尺度的大教堂，她都勝任無虞，與西方建築史血脈相連。二十世紀初 RC 出現之後，西方人重新思考磚造建築，因而有加強磚造的出現，除了結構上賦予新思維之外，曾經依賴厚實的承重牆謹慎處理隔熱防水的態度，並未消失，並且推陳出新，精益求精。因此，一個世紀以來，以德國為例，而大部分歐洲國家也都大同小異，在處理小尺度住宅建築時，如：獨棟住宅，或無電梯的集合住宅，都經常採用加強磚造的工法，然而，概念上有了如下的演變，而執行的細節則有各自的微調。

　　因為 RC 的出現，外牆的結構強度可以依賴 RC 梁柱板中配筋的調整，因此「加強磚造」外牆中，RC 樑柱與磚牆的結構性的混成比例，逐漸往樑柱系統偏移，亦即雖然紅磚仍有承重牆的功能，但成分漸減，因此紅磚的充填性（infill）角色增加。傳統上，採用實心紅磚的加強磚造外牆在「尺寸」與「重量」上都有了重大的改變。進入工業化社會後，機器替代人工，人工費用逐漸昂貴，因此有「空心磚」的出現。因為空心磚較大，砌磚較快，人工較省。因為空心磚較輕，主結構也可以較輕，較經濟。（圖 1-3）

　　空心磚常使用的材料有混凝土、陶土、和黏土，分別稱作：空心混凝土磚（concrete masonry block, CMU）、陶磚（terra cotta block）（圖 1-3）、和空心紅磚（brick block）。它們的剖面依結構需要設計。紅磚尺寸是 240 x 120 x 60 mm，混凝土空心磚的尺寸一般則為 200 x 200 x 100 mm，陶磚和空心紅磚的尺寸繁多，與牆厚與砌磚工法有關，大者可達 500 x500 x 500 mm。空心磚的中空部分將空氣帶入，一則減輕重量，一則提高隔熱效能。在寒冷的區域，空心磚較厚的外牆內部，可以放入隔熱材料，例如：保麗龍球。歐洲常用的工法，特別是較冷的地區，常在陶磚或空心紅磚的外側，先施作瀝青防水，再將兩吋（50 mm），或更厚的，高密度 PS 板（high density polystyrene, 俗稱冷凍板），也有用岩棉（rock wool）作隔熱層，覆蓋於瀝青之上，於隔熱層的表面再覆以玻璃纖維網，或鋼絲網，以長螺絲釘與塑膠圓盤將兩者同時固定於空心磚上，

表面再敷蓋參有顏料的灰泥作為完成面，並以鏝刀做出不同的水泥質感，此工法在台灣俗稱「石頭漆」，來自英文 stucco（圖 1-4）。陶磚或空心紅磚的厚度較大，夏天時，外牆有儲熱的功能可調整室內的溫度與濕度。

圖 1-3 陶磚（terra cotta block）

圖 1-4 加強磚造：空心磚較大，砌磚較快，人工較省

　　空心磚牆的結構性很好，因為它的厚度較大。如果樓板高度增加，充填空心磚外牆需要補強結構，施工時，可以由磚工一人輕易完成。在垂直向度，通常以適當的水平間距，於空心處插入鋼筋並澆灌混凝土，原理與主柱間之小柱相似。水平向度的結構補強，同樣的，砌磚時以適當的垂直間距，水平置入鋼絲桁架（steel wire truss），隱藏於空心磚牆的水平縫間，因此空心磚牆是一經過改良，結構強壯，隔熱、隔音效果均佳的磚造外牆系統。

　　第二代的空心磚外牆系統，在既有的基礎上，再作了一次重大的突破，那就是「雙層空縫外牆」系統（cavity wall）的誕生，簡稱「空縫外牆」系統。空縫外牆分成內層牆與外層牆兩大部分，兩牆之間夾以 70 – 100 mm 的空縫（cavity）。前述之「空心磚牆」實則為空縫外牆的內層牆，又稱功能牆，空縫外牆的外層牆則又稱為裝飾牆，其材料可以是清水磚牆，或是其它裝飾材料，例如：雨林板，金屬板，石板等。顧名思義，功能牆解決外牆的結構，隔熱、與防水等需求，由空心磚牆來擔綱，結構與隔熱功能的達成，如前所述，而防水功能乃是「空縫外牆」真正誕生的原因。外層裝飾牆上作通風口，使用等壓設計（pressure equalization design），或雨簾設計（rain screen design），空縫中的壓力與室外壓力相等，因此下雨時空縫中的水因地心引力作用，於牆角自由排出，晴天時，空縫中有通風功能，保持空縫乾燥。空縫外牆的防水膜塗布於功能牆的　外側　，空縫中無風壓，因此滲入裝飾牆的雨水自然下流，雨水穿透防水膜的機會幾乎是零，透過裝飾外牆的保護，達到完全防水，所以稱為雨簾設計。空縫外牆設計的概念，在歐美國家已是成熟普遍之工法，差別是歐洲普遍使用空心陶磚或空心紅磚，而美國與日本則多半使用空心混凝土磚。（圖 1-5、圖 1-6）

圖 1-5 / 圖 1-6

第二節 磚造的永續設計

我們身在一個節能減碳的年代，也是一個永續思維的年代。磚造建築在這種時代精神的需求下，它有許多的優勢。建築的永續設計，強調建築的整體設計，它評估的面相有：費用，生活的品質，未來的使用彈性，效益，整體環境衝擊，生產力，創造力，以及居住者或使用者如何因此設計而更有活力等。

一、磚造與永續

「永續設計」應用在建築設計時，評估和選擇建築材料的原則有三：材料如何被生產？材料如何被使用？以及材料如何被廢棄處理？因此本章將從紅磚或清水磚的製造、設計、與回收三個面向來討論。依據美國材料試驗協會 ASTM（註一）的定義，「永續」是：「不犧牲未來世代滿足他們的需求的能力下，滿足我們當代的需求」（註二）。因此，永續建築的設計原則應是：以負責的態度，有效的使用可得的（available）資源，平衡環境、社會、與經濟間的衝擊，在完成當下設計需求的同時，也考慮她對未來的影響。

建築設計的永續思考是整體性的思考，「整體性的建築設計」在實務上可詮釋為：整合性的團隊合作過程，亦即設計團隊對與其它利害相關的團隊協力與共，走完全程各階段的過程。所有團隊須從經費、生活品質、效率、未來的彈性、整體環境衝擊、生產力、創造力、以及是否帶給建物使用人生氣等項目來評估。

二、磚造的永續設計

磚塊是最古老的建築材料之一，當人類文明尋求更耐候，更永久的居住材料時，磚塊和石塊從大自然中大量開採出來，同時，更精煉成熟的工法也被發展出來。因此，磚石造來自自然，來自土地，它緊密的連結人類、人居、與自然。它與自然分享同樣的邏輯，它的建築特質來自自然，來自土地，它不僅友善自然，它就是自然，它的生命故事敘述著永續的章回。以下將更進一步說明磚造與環境與人居的關係。

（一）、磚造對環境與基地非常友善：

　　磚造建築在台灣已變成稀有建築，公部門的「再利用」（reuse）規劃設計案中有許多磚造建築的重修（renovation），煥然一新的傳統磚造建築又有一番韻味，然而私有的磚造建築，因大木構造屋頂的長年漏水，導致傾頹荒廢的命運，即便屋主有意修繕，多半是在漏水的既有屋面上，再覆以廉價的鐵皮浪板屋頂，苟延壽命，磚造老屋最終仍難逃拆除新建的下場。

　　磚造建築堅固持久，如果基地上有舊有的磚造建築，則她是不可多得的資產，應該盡量予以保留，這種做法是最直接的永續手段，與拆除重建相比，「保留磚造建築」將建築行為對環境的衝擊降至最低。如果基地在都市裡，磚造建築有高防火時效的優勢，磚材可以化整為零，位於都市的基地，營建運輸的可及性大幅提高。磚造建築在營建過程中，不需要龐大的空地作為材料準備（staging area）或機具施作的空間，因此她對周圍環境的干擾很容易維持在最低。磚造建築的設計極富彈性，可以降低都市營建的難度，適用於都市中常見的不規則形狀的基地。

　　紅磚作為都市的廣場或步道系統，通常能創造友善的都市環境。建物選擇淡色的紅磚，再加上紅磚的儲熱能力，都可以減少都市中的熱島效應。紅磚地坪可應用透水設計，降低地表雨水逕流。台灣的紅磚強度不足且不一，大眾開車習慣不佳，重車上下紅磚地坪，鋪面經常因此破損，因此設計師喜好使用水泥成分的「高壓連鎖磚」，透水性與紅磚相仿，但是製造過程，並非是對環境友善的地坪材料。

（二）、高能效的建築外殼：

　　磚造建築具有優勢的儲熱能力（thermal mass），它可以提供許多節能的好處，包括：降低空調負荷，調和室內溫度變化，提高室內舒適度，甚至可以降低空調機的噸數。分析顯示，室內採用紅磚牆面或地坪，可以創造更高的儲熱與調和室內溫差的效益。清水磚的裝飾空縫磚造外牆（cavity wall）（見第二章，第二節），可採用雨簾設計（rain screen design）或等壓設計（pressure equalized design），亦即在裝飾磚造的外層清水磚牆上留縫，創造室外的風壓與牆中空氣夾層的壓力相等，有助於外牆更有效的防水與防潮。

（三）、安全與保護：

磚造是防火耐燃構造，火災時可減少損失。風災或其它災變時，磚造堅固具防禦保護功效。

（四）、磚造建築的耐久性極高，因此她的生命週期的費用分析（life cycle cost analysis）顯示磚造建築可以長期分攤她的初始造價。舊的磚塊可以回收再利用，例如，乾式施工的透水鋪面，或稱鬆鋪的地坪，幾乎可以百分之百的回收再利用。即便是磚造的舊建築，磚材也可以大量的回收再利用，如果是歷史古蹟等重要建築，則幾乎盡可能地回收保留，用於維修保養的用途。

（五）、如果磚牆建造時，磚縫以密實的泥灰填滿壓實，則她是非常好的隔音牆。台灣的室內隔間牆普遍採用紅磚牆，因為磚牆完成面會作水泥砂漿粉光，因此紅磚牆施工時，工匠普遍以「排磚」施工，而非「砌磚」（圖 1-2），因此垂直縫均為空縫，幾乎沒有隔音功能。

（六）、建築材料或產品對環境造成的衝擊是永續設計中的重要考慮。材料的生命週期評估（LCA, life cycle assessment）精確的計算材料從原料取得到其服務終止的年限。紅磚的先天條件就是小而有模距，小心的設計與細部處理可以將紅磚的浪費降至最低。即使是破碎的紅磚都可以輕易的回收再使用。

（七）、紅磚原料來自土壤，因此她是地區性的資源，窯廠通常在採土場附近，運輸距離甚短，台灣目前北中南東均有窯廠，分布平均，因此運磚至營建工地，均屬合理距離，對環境衝擊小，符合永續原則。

（八）、磚造的壽命可長達數百年，磚牆重新用灰泥抹縫（re-pointing）的需求（註三），則至少是 50 年，因此磚造的耐久性極佳。然而，磚構造的細部設計需考慮磚塊周邊的組構元素的對等耐久性，以及維修的便利性。磚塊周邊的組構元素主要是水泥砂漿，以及不同磚造工法的附屬元素，例如：金屬繫件、木構功能牆等。設計時需考慮周邊構成元素的耐久性，避免周邊元素的失敗，導致整體磚造的失敗。例如：磚造外牆常用的「泛水板」（fashing），如果採用不銹鋼片、鍍鋅鋼片、或銅片，其服務壽命都超過 100 年。設計磚造女兒牆時，屋頂防水材料的服務壽命遠低於紅磚，因此細部設計須考慮更換防水材料時，不應影響磚造部分的完整性。

（九）、內牆採紅磚構造，可提升室內空氣品質，因為她不需要油漆，或表面處理，沒

有「揮發性有機物質」（VOC, volatile organic compounds）的問題。紅磚構造不是有機物質，黴菌沒有食物，因此不會長霉。

（十）、紅磚是多功能的材料，因此她是非常有用且有效的材料，與其它的外牆系統相較，她較少倚賴其它材料完成外牆的多重功能。然而，改良過的空縫裝飾磚造牆（brick cavity wall），其構成元素則較多且複雜。綜合以上所述，單純的紅磚牆構造，可以提供如下之功能：

1. 承重牆的結構功能。
2. 內牆或外牆的面材，她無須油漆或表面處理（coating）
3. 良好的隔音性能，她的傳音等級（STC; sound transmission class）大於 45。
4. 良好的儲熱性能可調節室內溫差。
5. 良好的防火性能，10 公分厚的磚牆提供 1 小時防火時效。
6. 良好的防禦性能，可抵擋風災造成的碎片或其它的撞擊傷害。
7. 提升室內空氣品質，因為她不需要油漆，或表面處理，沒有「揮發性有機物質」。（VOC, volatile organic compounds）的問題。
8. 紅磚不是可燃性材料，火災時不會施放有毒氣體。
9. 紅磚構造不是有機物質，黴菌沒有食物，因此不會長霉。
10. 紅磚外牆是良好的熱庫（heat tank），可以收集熱量，提供被動式的太陽能設計之用。
11. 紅磚壽命長達數個世代。

第三節 清水磚

使用黏土製磚已有幾千年的歷史，紅磚更是早期國內不可或缺的建材之一，民國 40 至 60 年代，磚造建物大量興建，紅磚需求量大增，磚廠也如雨後春筍般的冒出。民國 70 年代，高樓相繼建造，紅磚換成施工方便、價錢低廉的鋼筋混凝土，使得傳統磚造建築逐漸沒落，磚廠也跟著萎縮。

民國 92 年 2 月 6 日經濟部公佈實行「土石採取法」第五章第 36 條：「未經許可採取土石者，處新臺幣一百萬元以上五百萬元以下罰鍰，直轄市、縣（市）主管機關並得限期令其辦理整復及清除其設施，屆期仍未遵行者，按日連續處新臺幣十萬元以上一百萬元以下罰鍰至遵行為止，並沒入其設施或機具。必要時，得由直轄市、縣（市）主管機關代為整復及清除其設施；其費用，由行為人負擔。」過去業者採取紅磚原料並未受到法規限制，現在山坡地合法取得黏土極為困難。

近年來，建築環境及市場需求轉變甚大，目前生產紅磚多數作為內牆隔間使用，然而輕隔間系統逐漸被接受，建築師對清水磚作為其它設計上的應用似乎興趣缺缺。因此，大量工匠與工法流失，磚窯場正面臨關閉或轉型的壓力。

一、清水磚的定義

內政部建築研究所每年舉辦「綠建材標章制度講習會」，執行國家政策，大力推廣綠建材的使用。因此再使用（reuse）、再循環（recycle）、廢棄物減量（reduce）、低污染（low emission materials）成為綠建材發展的指標。 民國 93 年行政院環保署接受申請再生綠建材的項目中，有「混凝土空心磚」（植草磚、圍牆磚等）以及「普通磚」兩項。因此，無論是改良式的清水磚的外牆應用，如本書後面章節的建議，或綠建材的轉型，都會是台灣磚窯廠未來的發展方向。

本書所稱之「清水磚」，乃指高品質之窯燒紅磚，磚面平整，疊砌後外觀無須粉刷，價格較普通磚貴，使用於建物外牆或其它部分，是建築「完成面」的材料，尺寸多為 60 mm x120mm x 240mm（nominal，含磚縫）。「清水磚」有別於「普通磚」或

「紅磚」，後者常用於室內隔間牆，磚牆牆體完成後，磚面做水泥粉光飾面，因此普通磚的材質較差，尺寸多為 50 mm x 100 mm x 200 mm（nominal，含磚縫）。「耐火磚」耐高溫，用於煙囪、壁爐等與高溫接觸之牆面。耐火磚中氧化鋁含量可達 85%，因此耐火磚遇高溫不會破裂，並且硬度極高，耐火磚的磚質漂亮，色澤較深，有暗紅、土黃等色。台灣的建築師有時使用耐火磚替代清水磚，雖然價格較貴，但是耐火磚的品質較好，色澤整齊，建築立面品質失控的風險較小。

二、白華現象

「白華現象」普遍發生在新建的磚造建物上，她是自然現象，但是經常造成業主、營造廠、及建築師們莫大的困擾。特別是公共工程，因為驗收人員對白華現象的誤解，與無法接受，造成清水磚的推廣與應用，遇到莫大的阻力。因此，特別藉此說明其形成的原因，與「減少」的方法。

白華的發生有三個基本要素，缺一不可，她們是：水溶性鹽、潮氣、和路徑。潮氣或雨水將藏於牆體中的水溶性鹽溶解後，經由毛細孔現象，帶到磚牆表面，潮氣蒸發後，在磚牆表面型成白色結晶，這便是俗稱的「白華」（圖1-7）。以上的三項因素，在清水磚牆的工法上幾乎都不可能消失，只能降低它的強度，來減少整體白華現象的發生。

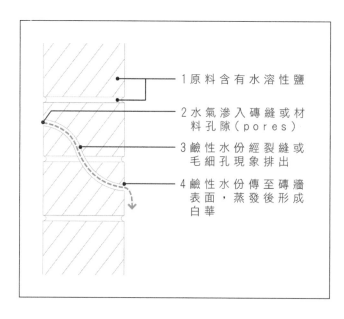

1 原料含有水溶性鹽

2 水氣滲入磚縫或材料孔隙（pores）

3 鹼性水份經裂縫或毛細孔現象排出

4 鹼性水份傳至磚牆表面，蒸發後形成白華

圖 1-7 白華的形成

三、減少白華現象

減少白華現象有三個辦法：首先，清水磚牆中的水泥沙漿和抹縫是水溶性鹽的主要來源，因此選擇低鹼含量的水泥，可大量減少白華現象。其次，水泥中使用的細沙常含有鹽分，因此應該先清洗乾淨後再使用。以清水潤濕紅磚、水泥砂漿用水、及清洗磚牆等用水，使用成分單純的自來水。再來，減少水分進入清水磚牆中，可以依靠細膩的細部設計，和高水準的施工品質。前者如適當的放置金屬泛水板，後者如密實的抹縫，和減少水泥中的氣泡等。

根據 CNS 的規定，一級磚之吸水率應小於 15%，二級磚小於 19%，三級磚小於 23%，吸水率越低，磚材中的孔隙量愈少，毛細現象也愈少，因此白華產生的量也因此減少。

註一：美國材料試驗協會 ASTM（American Society of Testing and Materials）成立於 1898 年，是一非營利性之國際標準制定組織，致力於滿足全球市場標準化的需求。 ASTM 制訂材料、產品、系統和檢測服務的標準，為國際認可之工業界標準制定之權威機構。

註二： Meeting the needs of the present without compromising the ability of future generations to meet their own needs

註三：磚牆由灰泥與磚塊構成，灰泥的材質較磚塊為弱，灰泥發生碎化或粉化的現象遠較磚塊為早，進而造成外牆防水防潮的失敗，因此需要於磚縫的表面先行清理後，以泥灰重新抹縫壓實。「重新抹縫」完成後，使磚牆在視覺上煥然一新，並且可以改善磚造外牆的防水與防潮。

第二章 裝飾磚造的設計

　　裝飾磚造（brick veneer）中的磚指清水磚，它沒有結構性，僅作為建築表面之裝飾材料，一如台灣常用的面磚，將面磚後面的 RC 結構牆隱藏起來，裝飾磚造的清水磚也將結構牆隱藏起來，然而設計與施工的概念與工法，均與面磚的施作差異甚大。裝飾磚造的構成元素分兩大部分，室外側是「裝飾牆」（veneer wall），室內側是「功能牆」（functional wall），裝飾牆與功能牆之間夾著一層空氣層，因此這種將裝飾與功能分開的設計概念稱為「空縫設計」，因為中間夾了一層空氣層，這種牆稱為「空縫牆」（cavity wall）。

　　功能牆承擔建築外殼的功能部份，包括：結構、防潮、防水、排水、隔熱等功能。常用的材料有：鋼筋混凝土（RC），水泥空心磚（CMU, concrete masonry unit），預鑄輕質混凝土磚或板（precast light weight concrete block），結構性輕量型鋼（structural metal stud），木條（wood stud），紅磚（brick）等。裝飾牆主要負責建築的外觀，因為它無須顧及外牆的基本功能，因此它可以有很多的材料選擇，甚至造型的變化。建築師法蘭克蓋瑞（Frank Gahry）的許多有趣的建築設計，都是依賴此一概念發展出來的特殊工法。裝飾牆的材料選擇，除了各式各樣的清水磚之外，尚可採用：面磚、石板、木板、金屬板、化學纖維版等。其它材料如：可回收材料、軟性材料、非永久性材料等，也都因為此概念而成為可能。表面裝飾材料的組構也因此發展出許多不同的乾式工法，例如：模矩工法，可替換工法等。

　　本章的討論將先從外牆的分類開始，將裝飾牆與功能牆作不同的組合並分類，然後，系統性的探討各類別的外牆的性能與工法。牆系統建立之後，再進一步的討論各個牆系統的「開窗」。窗戶周邊的排水、防水因涉及兩層牆，因此設計複，施工挑戰亦較高。在整體的討論過程中，會不時的回到我們的參考點，亦即台灣普遍使用的濕式面磚工法，作為比較，並帶入施工營建的真實面。

　　討論時，清水磚的尺寸採用「通用尺寸」，或「模矩尺寸」：240 mm x 120 mm x 60 mm。英文稱： Nominal Dimension，亦即：「一磚 + 一縫」的尺寸為一模矩。

第一節　外牆分類

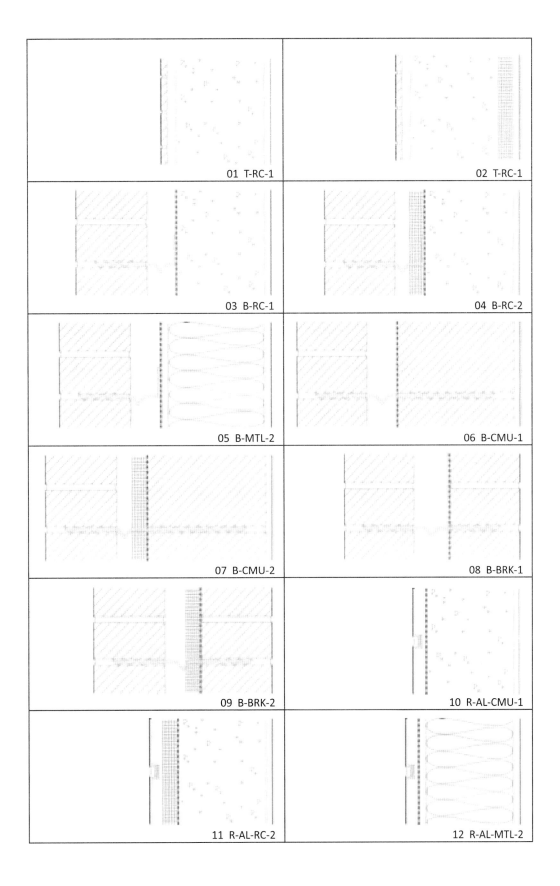

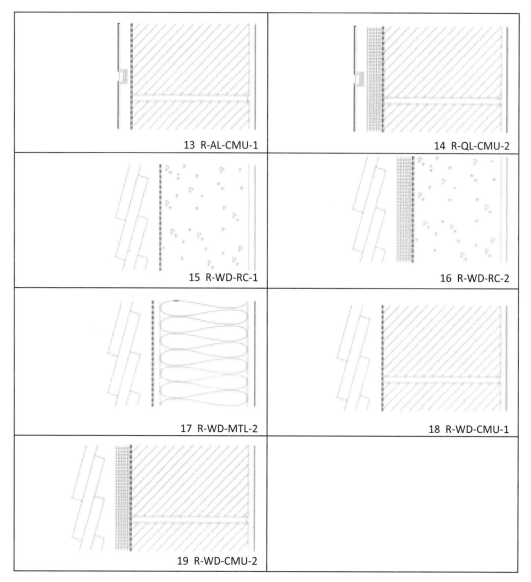

表 2-1 外牆分類

　　裝飾磚造的裝飾牆的材料，可以分成三大類：面磚類（Type T），清水磚類（Type B），與其它面材類（Type R）。「面磚類」是台灣主要的建築外牆材料，研究討論時，將以「150 mm RC 牆外飾面磚」的工法作為「參考點」，將不同工法與之比較，俾便在營建現實的基礎上檢視，避免過於抽象的討論，有助於理解。「清水磚類」是討論的主體，此處的清水磚為裝飾面材，分別與鋼筋混凝土牆（RC）、混凝土空心磚牆（CMU）、與結構性輕量型鋼牆（Structural Metal Stud）三種功能牆共構，另外再加上雙層清水磚的結構牆。「其它面材類」同樣是在作為比較時，清水磚類的參考對象。選擇的裝飾面材為常用的「金屬鋁板」，與「木作雨淋板」，與此兩種面材共構的功能牆也選擇常用的 RC 牆與結構性輕量型鋼牆。在不同的外牆組合中，隔熱材料置入與否，也是討論外牆功能時的一項選擇（表 2-1）。

編號的方法採三碼制，假設某一種外牆的代號是：A-B-C，則表示此外牆組合中，A 代表裝飾牆的材料，B 代表功能牆的類型，C 代表是否有隔熱層，＂1＂ 代表無隔熱材，＂2＂ 代表有隔熱材。例如，B-MTL-2 表示外層中是材料是清水磚（B, brick），內層的功能牆是結構型輕量型鋼（MTL, metal），空縫中設隔熱材。又，例如：R-AL-CMU-1，R-AL 指裝飾牆之材料為其它裝飾材料類的鋁板，（R：其它類，AL：鋁板），CMU 指功能牆為混凝土空心磚（CMU, concrete masonry unit），＂1＂ 代表無隔熱材。表 2-1 的外牆分類共有 19 種。

外牆分類的目的在於系統性的討論外牆功能，包括：組成材料、構造工法、營建施工、節能、規範、與預算，她將提供建築師在選擇外牆系統時的基本參考資料。

第二節　外牆系統

清水磚裝飾磚造的設計，因為材料與組構的不同，使其構造與工法的細節各有千秋。然而，各種工法與牆組仍有一些共同的原則與邏輯，因此在進入各工法的討論之前，先將之條理清楚，以便對後續的應用較易了解。以下將分為：結構，防潮，排水，與通風四大項來討論。

結構：

清水磚裝飾磚造（brick veneer）的結構設計，可分為「風力」與「重力」兩個面向。厚重的 1/2 B 磚（120 mm 厚）的清水磚牆的結構穩定性端賴垂直重力與水平風力的處理。垂直重力以清水磚的自重為主，在每一層樓板下方的邊樑外側面上，固定一支環繞建築完整一圈的連續角鋼（bearing angle），清水磚置於承重角鋼上，因此角鋼上方一層樓高的「磚重」藉由角鋼傳遞到邊樑上（主結構），每一層的清水磚重都用同樣的方法傳遞到主結構上。主結構可以是鋼構，或是 RC 構。

清水磚裝飾磚造外牆所承受的水平力以風壓為主，風壓直接作用在 1/2 B 厚的清水磚牆上，介於清水磚牆與功能牆之間的金屬繫件（metal tie），將清水磚牆承受的水平風力，傳遞到功能牆上。金屬繫件均勻配置在整面牆上，它的配置方式是：在垂直向度每十二皮放置一支金屬繫件，約 720 mm，水平向度則是每三磚放置一支金屬繫件，約 720 mm，金屬繫件交錯置放，原理一如砌磚的「破縫」或「交丁」（圖 2-1）。

每一金屬繫件大約負責 720 mm x 720 mm 面積的清水磚所承受的水平風力，並將之傳遞到後方的結構牆上。一般金屬繫件的防鏽處理以熱浸鍍鋅為主，因為平價而普遍，不銹鋼為較昂貴的選擇。因為金屬繫件跨越空縫，外層裝飾牆不妨水，因此水路可跨越金屬繫件繼續往後方的功能牆流竄，因此，通常會在金屬繫件跨空縫的中央處，彎摺成" V"字型，作為滴水。

每層樓版邊樑處的承重角鋼隨著樓板沉陷（settlement），各樓層因活載重等原因，沉陷不一，造成樓層間垂直向度的相對位移，以及水平向度的「層間位移」，因此在每一樓層清水磚的「自重單元」之間，須設置「伸縮縫」。伸縮縫是水平的，位置設在承重角鋼與下方最後一皮的清水磚之間，角鋼與清水磚間留設約 10 mm 連續水平空縫，磚縫不能填入水泥砂漿，而於磚面處置入發泡 PE 條襯底，再以軟性的填縫劑抹縫，填縫劑可選擇與水泥砂漿同色。伸縮縫較一般水平磚縫大，因為 10 mm 的空縫須再加角鋼的厚度。

內牆充填（infill），外牆外掛（by pass）

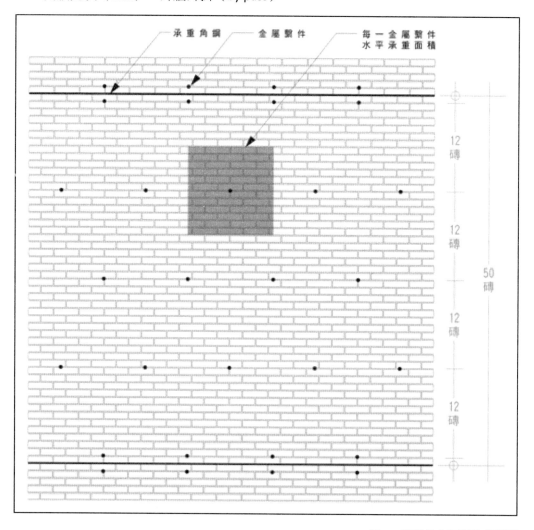

圖 2-1 建議的金屬繫件的配置

防潮：

混凝土或磚石構造的功能牆的外側面，必須塗刷軟性防潮材料，2-3 mm 乳膠瀝青，它可以在磚石構造的牆面上創造連續整體的（monolithic）防潮面，也可以填補在 RC 牆上既有的，或未來可能發生的自然龜裂，或者處理澆灌時造成的牆面瑕疵，達到有效的防潮需求。另外一個更重要的原因是在功能牆上，面外側的牆面將佈滿穩定清水磚牆的金屬繫件，金屬繫件通常以鋼釘釘在 RC 牆上，或埋入磚石的縫中，因此軟性防潮材料可以很容易的在金屬繫件周邊補強，依需要塗抹數次，防止因金屬繫件穿孔造成的防潮瑕疵。

軟性防潮材料建議採用傳統瀝青、冷瀝青（cold tar）、或是瀝青基礎的防潮或防水材料（asphalt or bituminous based waterproofing or damp proofing material），例如：自黏式防潮膜或防水膜（self-adhered waterproofing or damp proofing material）。瀝青基礎的材料有幾個好處，首先，瀝青類的防潮材料對混凝土牆面的附著力很強，瀝青一旦塗刷上 RC 牆面，便很難移除。雖然瀝青怕自然光中的紫外線，但是因為防潮膜在清水磚牆之後，無暴曬於日光之虞，因此無硬化剝落的擔憂。瀝青材質彈性大，施工便利，施工彈性也大，它可以處理複雜的混凝土介面。塗刷完畢之瀝青材料在數日內仍有黏著性，因此可以很容易地將隔熱材料，例如：高密度的 PS 版（冷凍版，Polystyrene or blue board），或其它輕質隔熱材料，黏貼在 RC 牆面上。

鋼構主結構於樓板處，防潮面需要建立連續平面。

排水：

樓板邊樑處的連續承重角鋼應做防鏽處理，通常以熱浸鍍鋅（hot-dipped galvanizing）處理。因為空縫中的角鋼為連續環繞建物一周，因此它打斷了空縫中的水路，因此在承重角鋼上，覆蓋金屬泛水板，將外牆空縫中的積水在承重角鋼上方第一皮磚的垂直縫中，埋入金屬圓管，約三磚 720 mm 設一支，將水排出牆外。為防止排水圓管堵塞，在圓管後方的金屬泛水板上，置放碎石二至三磚支高度。

金屬泛水板上方崁入 RC 牆之水平溝槽，以瀝青填縫密封，泛水板下方需作滴水（drip），將空縫中之汙水，帶離牆面，避免造成永久性的磚牆汙漬，並減少白華現象（圖 3-1）。25 mm 厚 PS 隔熱板可置於外牆空縫中，借乳膠瀝青黏貼於 RC 牆面。

建築物的每層邊樑處設一連續之承重角鋼，因此清水磚的自重規劃，以及空縫內的排水規畫，均以一層樓為一「自重單元」，或「排水單元」，因此裝飾磚造建築的

樓層高度，並無限制，基本上仍是「帷幕牆」的概念。

通風：

　　裝飾磚造的垂直空縫（cavity）中，應經常保持乾燥，因此需要設通風口，通風口通常設在排水孔上方二至三皮處，避免被碎石阻擋，另外須在上一層角鋼之下方一皮處，設出風口。通風設計不僅保持牆內空縫之乾燥，同時，夏季是外炎熱時，亦可將儲存於磚牆或 RC 牆內之熱量帶走，有助於降低室內溫度。

施工：

　　裝飾磚造的功能牆，除了負責結構功能外，並且需要完成隔熱與防水的功能，在現場施工時，除了結構性輕量型鋼牆外，磚工不僅砌磚，他將同時處理瀝青防水、隔熱板、窗眉角鋼（Loose Lintel）、與金屬排水板等材料的施作。因此單一工種，即可完成外牆系統，無複雜的介面，在營建管理上極為單純。

分類

　　裝飾磚造外牆，外側是「裝飾磚牆」，內側是「功能牆」，裝飾磚牆以清水磚為主要材料，功能牆的材料則可分為四大類，以下將討論四種功能牆類型的設計與構造重點，它們分別是：

1. Type B-RC：清水磚＋鋼筋混凝土牆

2. Type B-B：清水磚＋清水磚牆

3. Type B-CMU：清水磚＋水泥空心磚牆

4. Type B-MTL：清水磚＋結構性輕量型鋼牆

　　圖 2-1 至圖 2-7 共計七種工法，上述四種類型的外牆分別與「鋼構」以及「RC 構」兩種主結構結合應用，Type B-RC 外牆由鋼筋混凝土牆構成，因為沒有鋼構主結構會採用鋼筋混凝土牆，因此共計七種工法，七張圖例。

一、清水磚＋鋼筋混凝土牆（Type B-RC）

　　鋼筋混凝土牆是台灣最普遍的外牆構造，國內的案例均採用此牆。承重角鋼以膨漲螺栓固定於大樑上，避免任意固定於 15 mm 的 RC 牆上，它造成結構行為的混淆，與結構牆失敗的可能。防潮膜採用軟性防潮材料，建議 2-3 mm 乳膠瀝青。施作時，

為達到防潮膜的整體性，承重角鋼、金屬泛水板、與金屬繫件等均於防潮膜施作完畢後才安裝。安裝金屬泛水板時，先以輪盤鋸在 RC 牆上以 45 度斜角切割 30 mm 深之水平線槽，位置大約在承重角鋼的水平版面上方，垂直高度不小於 300 mm 處，俾便金屬泛水板塞入，並於下方以鋼釘固定於 RC 牆上，防止脫落。在金屬泛水板插入 RC 強處與所有的金屬繫件固定處，均須以瀝青防潮材料做二次防潮，確定無任何防潮瑕疵。

台灣的工地依賴水泥粉光美化，因此並不重視大體結構（包含 RC 外牆）在拆模後的精準度與表面品質，建議不做二次粉光，因為它有剝落之虞，乳膠瀝青與 RC 結合甚佳，即便是粗糙的 RC 面，至於 RC 牆的不準度，則可以採用特殊的金屬繫件，彌補 RC 牆的誤差。依據本書第六章的評估，建議使用隔熱材料，例如：高密度 PS 隔熱板。排水通風的工法可參考本節前端的一般說明。

二、清水磚＋清水磚牆（Type B-B）

雙層清水磚造外牆的工法演變自古老的傳統建築，嚴格說起來，它不是裝飾磚造，因為內外兩道磚牆均為結構牆。120 mm 厚（1/2 B）的磚牆幾乎無結構性，因此傳統磚牆靠丁磚（120 x 60 mm 朝牆面）將順磚（240 x 60 mm 朝牆面）鎖在一起，牆的厚度依據半磚的長度，成倍數增加，牆厚增加，結構性跟著增加，牆的高度因此也可以增加，並具有結構性。傳統磚造工法在「工業化」之後，因而有「金屬繫件」的產生，其功能類似丁磚。金屬繫件給予磚牆設計更大的自由度，也給予工匠更方便的施工方式。因此，空縫磚牆（cavity brick wall）乃是利用金屬繫件將兩道 120 mm 厚的磚牆結構在一起，成為一道結構牆，它既是「裝飾面材」，也是「結構材。雙層磚造結構牆的內牆與建築物的主結構，RC 構或鋼構的邊樑以金屬繫件結合，完成外牆結構的整體性，此處，雙層磚造外牆只承水平力，以風力為主，在樓板處與上層的邊樑處，傳遞給主結構。雙層磚造外牆不承載任何垂直力，雙層磚牆的自重則由樓板處之邊樑，以承重角鋼傳遞至主結構。雙層外牆構造的清水磚內牆可作為室內牆面的材料。如果室內另擇其它材料裝修，則可使用較便宜的內牆磚材，但是其結構性，與尺寸規格均須與清水磚外牆的磚材匹配。

在雙層清水磚牆的內牆外側，亦即面空縫的牆面，必須圖佈乳膠瀝青類防潮膜。雙層清水磚牆遇到鋼構主結構時，內牆「充填」於主結構內，因此主結構會將雙層磚

牆的內牆打斷，因此防潮、防水、排水在鋼構邊樑處，需要特別處理。通常面空縫的內牆牆面與樓板邊緣的角鋼面平齊，因此，在樓板角鋼的下方，與邊樑的外側，需要以清水磚在「同一平面」上建立樓板下方的內牆面，俾使防潮材料在跨越鋼構樓板時，能在一齊平且完整的內牆面上，連續施作。雙層牆的清水磚外層牆的承重角鋼在邊樑下翼版附近，與之結合的金屬泛水板將跨過空縫，在內層牆上方約六皮處，無間斷的插入磚縫中，將空縫中的水帶出，在外牆牆面以滴水將水帶離牆面，乳膠瀝青防潮膜由牆面延伸至金屬泛水板上，並在插入磚牆的水平線處，作二次防水圖佈。

金屬繫件仍以垂直向 720 mm，水平向 720 mm 的間距，交錯配置（圖 xx）。伸縮縫、排水、通風、隔熱等的設計與施工方式，均與前述之通用設計相同。

三、清水磚＋水泥空心磚牆（Type B-CMU）

清水磚／水泥空心磚牆（CMU, concrete masonry unit）的外牆組合，在施工上與雙層清水磚牆相似，但是結構原理卻相異。水泥空心磚牆的施工與清水磚牆同，清水磚工可以施作水泥空心磚牆，因為它的技術門檻較低，施工簡易，速度快，是人工經濟的工法，造價亦較 RC 牆，或清水磚牆便宜許多。結構上，水泥空心磚牆是真正的外牆結構，因此外側的清水磚牆是純粹的裝飾牆，無結構功能。水泥空心磚牆組立於樓板與樓板之間，為一「充填牆」，固定於樓板上以及上層邊樑之下。可以依據結構需要，在垂直向與水平向置入鋼筋或鋼絲網（mesh），並澆灌混凝土補強。外側清水磚牆的連續承重角鋼必須與主結構接合，將清水磚自重傳回主結構，因此，承重角鋼不可鎖在水泥空心磚牆上，水泥空心磚牆僅承受風力與其它水平立。防鏽的金屬繫件固定於清水磚縫與水泥空心磚縫間，每三皮清水磚的高度等於一皮水泥空心磚的高度，配置方式同前述。

冷瀝青或乳膠瀝青為主要防潮材料，塗刷 2-3 mm 於水泥空心磚面外側的牆面，水泥空心磚牆的磚縫較少，水泥面材質與瀝青類防潮防水材料間的接合力（bonding）甚佳，因此牆的水密性較雙層磚牆為佳。施作防潮膜時，需要密封所有不同材料間的界面縫隙，在鋼構邊樑側的水泥空心磚的防潮處理，與雙層清水磚同，可參考上一節，Type B-B。伸縮縫、排水、通風、隔熱等的設計與施工方式，均與前述之通用設計相同。

四、清水磚 + 結構性輕量型鋼牆（Type B-MTL）

結構性輕量型鋼（Structural Metal Stud）的外牆系統較常與鋼構主結構共構，他亦可與 RC 主結構共構。外牆的結構性，亦即構成骨料的型號規格與配置間距應交給結構計師計算決定，外牆常用之 C 型槽鋼尺寸是 150 mm。施工時，在樓板上鋼樑下翼與板處鋪設 C 型鋼導軌，接收垂直骨料。結構性輕量型鋼的內外兩側包覆的板材，玻璃纖維（60 K）或是岩綿（150 mm）隔熱材料置於其中的空間。外側襯板（sheathing panel）除了作為防潮膜的襯底平面，它提供剪力滿足外牆的結構穩定性，因此常使用的材料有：夾板，定向纖維板，或水泥板等材料，厚度為四分板（12 mm）或五分板（15 mm）。台灣的防水施工不夠專業，因此不常使用夾板或定向纖維板等的木質材料，恐怕失敗，而代之以水泥板，或甚至是鋼板。自攻螺絲固定襯板於結構性輕量型鋼骨料上，因此結構性輕量型鋼之間距與襯板尺寸有模矩關係，400 mm 為常用間距。自攻螺絲穿過襯板，將金屬繫件固定於結構性輕量型鋼上，因此金屬繫件之配置也需要配合結構性輕量型鋼之間距。結構性輕量型鋼牆的內側板材，則使用一般的內裝材料如：矽酸鈣板，石膏板等。

結構性輕量型鋼外牆的防潮材料通常採用 PVC 材質的塑膠布，直接以釘槍固定於襯板上。在清水磚的連續承重角鋼處，設置金屬排水板，排水板上緣離承重角鋼的水平腳的垂直距離，不應小於 300 mm，並以釘槍固定於襯板上，防潮布覆蓋其上，以排水口後方之碎石壓住，空縫中的水可以沿此水路帶出牆外。在樓板主結構的邊緣處，襯板的「連續牆面」與防潮膜的連續性，在此被鋼樑打斷，因此需要以輕鋼架與襯板將此處「填平」，建立整體連續的防潮面，或稱「水線」，此區構造複雜，容易造成防潮防水的施工瑕疵。同樣的，在清水磚的承重角鋼與主結構鋼樑的接合處，「接合鋼件」須穿過襯板與防潮布，也會造成防潮防水的瑕疵，因此防潮防水在此處的設計與施工需要特別小心謹慎。

冬季室內外的溫差可以相差甚大，溫度較高的室內「濕度」也較高，亦即室內空氣中所含的水氣較多。通常「露點」介於室外溫度與室內溫度之間，因此，「結露」現象會發生在外牆內，位置通常是在隔熱層中，亦即在玻璃纖維或岩綿之中，隔熱層在防潮面之內的「乾區」，受潮的隔熱材料無法排除水氣，終將銹蝕結構型輕量型鋼，造成外牆的結構性危機，因此，在玻璃纖維面內牆側襯以錫箔紙，防止室內濕氣進入隔熱層中。

　　清水磚／結構性輕量型鋼牆（Type B-MTL）是四種外牆構造中較為複雜的一種，然而因為它的自重輕，牆身薄，乾式施工，功能效益高，在美加與歐陸諸多國家乃是相當普遍的工法。在台灣，乾式施工的石片裝飾外牆會採用此工法，然而並不普遍，因此各自發展解決問題，工法並不成熟。

　　伸縮縫、排水、通風、隔熱等的設計與施工方式，均與前述之通用設計相同。

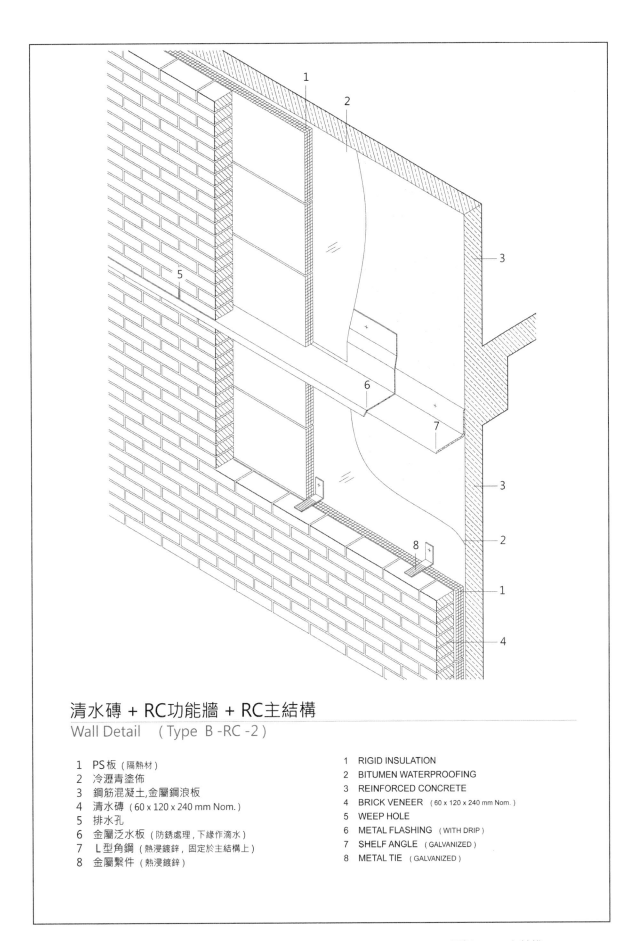

清水磚 + RC功能牆 + RC主結構
Wall Detail　（Type B -RC -2）

1　PS板（隔熱材）
2　冷瀝青塗佈
3　鋼筋混凝土,金屬鋼浪板
4　清水磚（60 x 120 x 240 mm Nom.）
5　排水孔
6　金屬泛水板（防銹處理,下緣作滴水）
7　L型角鋼（熱浸鍍鋅,固定於主結構上）
8　金屬繫件（熱浸鍍鋅）

1　RIGID INSULATION
2　BITUMEN WATERPROOFING
3　REINFORCED CONCRETE
4　BRICK VENEER　（60 x 120 x 240 mm Nom.）
5　WEEP HOLE
6　METAL FLASHING　（WITH DRIP）
7　SHELF ANGLE　（GALVANIZED）
8　METAL TIE　（GALVANIZED）

圖板 2-1 RC 主結構：Type B-RC-2

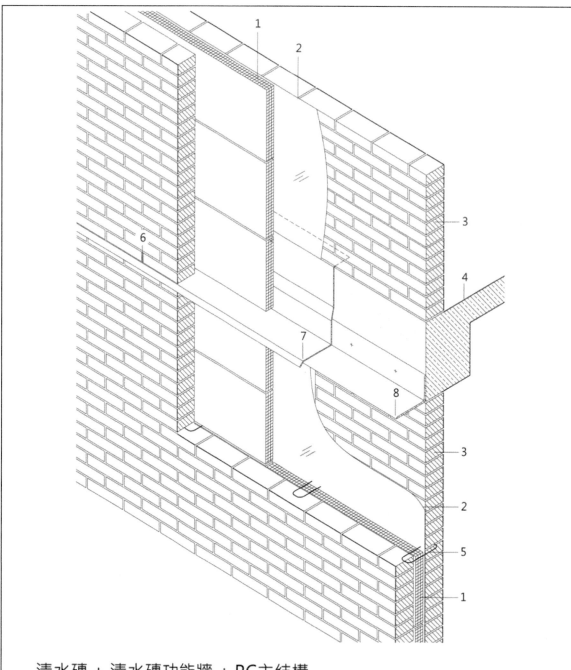

清水磚 + 清水磚功能牆 + RC主結構
Wall Detail （Type B -BRK -2）

1	PS板 （隔熱材）		1	RIGID INSULATION
2	冷瀝青塗佈		2	BITUMEN WATERPROOFING
3	清水磚 （60 x 120 x 240 mm Nom.）		3	BRICK VENEER （60 x 120 x 240 mm Nom.）
4	鋼筋混凝土		4	REINFORCED CONCRETE
5	金屬繫件 （熱浸鍍鋅，嵌於磚縫中）		5	METAL TIE （GALVANIZED）
6	排水孔		6	WEEP HOLE
7	金屬泛水板 （防銹處理，下緣作滴水）		7	METAL FLASHING （WITH DRIP）
8	L型角鋼 （熱浸鍍鋅，固定於主結構上）		8	SHELF ANGLE （GALVANIZED）

圖板 2-2 RC 主結構：Type B-BRK-2

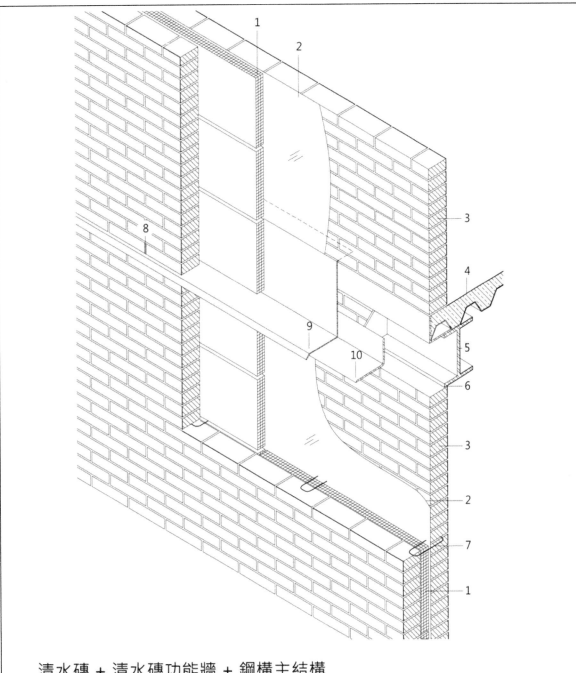

清水磚 + 清水磚功能牆 + 鋼構主結構
Wall Detail　（Type　B -BRK -2 ）

1　PS 板 （隔熱材）
2　冷瀝青塗佈
3　清水磚 （60 x 120 x 240 mm Nom.）
4　鋼筋混凝土，金屬鋼浪板
5　Ⅰ型鋼 （主結構）
6　軟接縫
7　金屬繫件 （熱浸鍍鋅，嵌於磚縫中）
8　排水孔
9　金屬泛水板 （防銹處理，下緣作滴水）
10　L 型角鋼 （熱浸鍍鋅，固定於主結構上）

1　RIGID INSULATION
2　BITUMEN WATERPROOFING
3　BRICK VENEER　（60 x 120 x 240 mm Nom.）
4　METAL DECK
5　 I BEAM
6　SOFT JOINT
7　METAL TIE　（GALVANIZED）
8　WEEP HOLE
9　METAL FLASHING　（WITH DRIP）
10　SHELF ANGLE　（GALVANIZED）

圖板 2-3 鋼構主結構：Type B-BRK-2

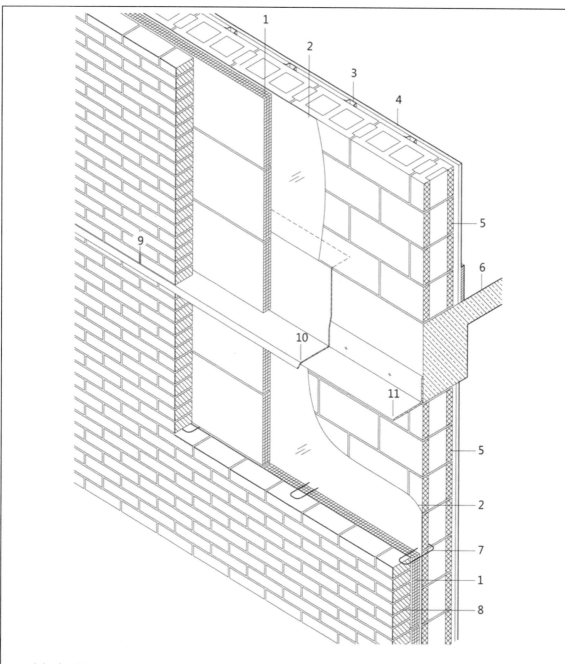

清水磚 + 空心水泥磚功能牆 + RC主結構
Wall Detail （Type B -CMU -2）

	中文	英文
1	PS 板（隔熱材）	RIGID INSULATION
2	冷凝青塗佈	BITUMEN WATERPROOFING
3	金屬釘條	FURRING STRIPS
4	纖維水泥板	WALLBOARD
5	水泥空心磚（200 x 200 x 400 mm Nom.）	CONCRETE MASONRY UNIT（200 x 200 x 400 mm Nom.）
6	鋼筋混凝土	REINFORCED CONCRETE
7	金屬繫件	METAL TIE （GALVANIZED）
8	清水磚（60 x 120 x 240 mm Nom.）	BRICK VENEER （60 x 120 x 240 mm Nom.）
9	排水孔	WEEP HOLE
10	金屬泛水板（防銹處理，下緣作滴水）	METAL FLASHING （WITH DRIP）
11	L 型角鋼（熱浸鍍鋅，固定於主結構上）	SHELF ANGLE （GALVANIZED）

圖板 2-4 RC 主結構：Type B-CMU-2

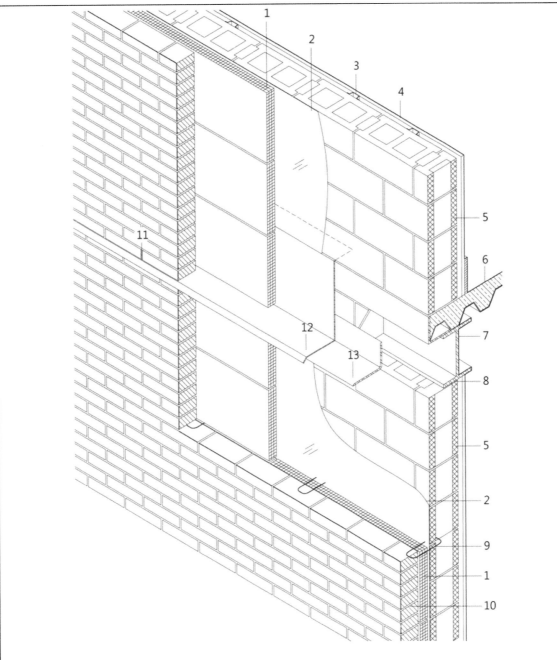

清水磚 + 空心水泥磚功能牆 + 鋼構主結構
Wall Detail (Type B -CMU -2)

1	PS板 (隔熱材)	1	RIGID INSULATION
2	冷瀝青塗佈	2	BITUMEN WATERPROOOFING
3	金屬釘條	3	FURRING STRIPS
4	纖維水泥板	4	WALLBOARD
5	水泥空心磚 (200 x 200 x 400 mm Nom.)	5	CONCRETE MASONRY UNIT (200 x200 x400 mm Nom.)
6	鋼筋混凝土, 金屬鋼浪板	6	METAL DECK
7	I 型鋼 (主結構)	7	I BEAM
8	軟接縫	8	SOFT JOINT
9	金屬繫件 (熱浸鍍鋅, 嵌於磚縫中)	9	METAL TIE (GALVANIZIED)
10	清水磚 (60 x 120 x 240 mm Nom.)	10	BRICK VENEER (60 x 120 x 240 mm Nom.)
11	排水孔	11	WEEP HOLE
12	金屬泛水板 (防銹處理,下緣作滴水)	12	METAL FLASHING (WITH DRIP)
13	L型角鋼 (熱浸鍍鋅, 固定於主結構上)	13	SHELF ANGLE

圖板 2-5 鋼構主結構：Type B-CMU-2

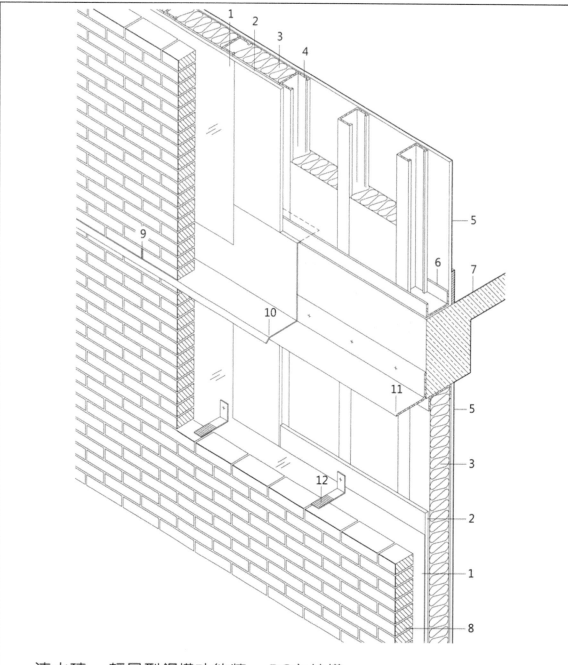

清水磚 + 輕量型鋼構功能牆 + RC主結構

Wall Detail　　(Type　B -MTL -2)

1	橡化瀝青防潮膜	1	BITUMEN MENBRANE
2	纖維水泥板	2	CEMENT BOARD
3	岩棉　(60k, 錫箔背紙)	3	BATT INSULATION
4	C型槽鋼	4	STEEL STUD
5	纖維水泥板	5	WALLBOARD
6	C型軌道鋼	6	RUNNER
7	鋼筋混凝土	7	REINFORCED CONCRETE
8	清水磚　(60 x 120 x 240 mm Nom.)	8	BRICK VENEER　(60 x 120 x 240 mm Nom.)
9	排水孔	9	WEEP HOLE
10	金屬泛水板 (防銹處理, 下緣作滴水)	10	METAL FLASHING　(WITH DRIP)
11	L型角鋼 (熱浸鍍鋅, 固定於主結構上)	11	SHELF ANGLE　(GALAVNIZED)
12	金屬繫件 (熱浸鍍鋅)	12	METAL TIE　(GALVANIZED)

圖板 2-6 RC 主結構：Type B-MTL-2

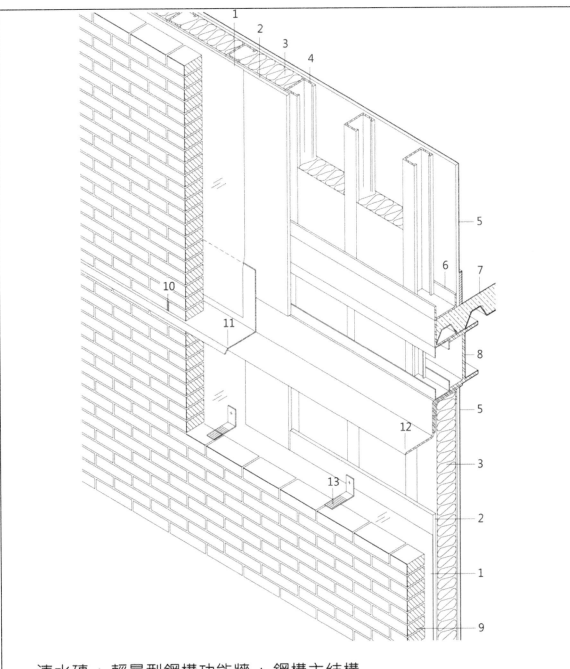

清水磚 + 輕量型鋼構功能牆 + 鋼構主結構

Wall Detail　（Type　B -MTL -2）

1	橡化瀝青防潮膜	1	BITUMEN MENBRANE
2	纖維水泥板	2	CEMENT BOARD
3	岩棉（60k,錫箔背紙）	3	BATT INSULATION
4	C 型槽鋼	4	STEEL STUD
5	纖維水泥板	5	WALLBOARD
6	C 型軌道鋼	6	RUNNER
7	鋼筋混凝土，金屬鋼浪板	7	METAL DECK
8	I 型鋼（主結構）	8	I BEAM
9	清水磚（60 x 120 x 240 mm Nom.）	9	BRICK VENEER（60 x 120 x 240 mm Nom.）
10	排水孔	10	WEEP HOLE
11	金屬泛水板（防銹處理,下緣作滴水）	11	METAL FLASHING（WITH DRIP）
12	L 型角鋼（熱浸鍍鋅,固定於主結構上）	12	SHELF ANGLE（GALVANIZED）
13	金屬繫件（熱浸鍍鋅,固定於 C 型槽鋼）	13	METAL TIE（GALVANIZED）

圖板 2-7 鋼構主結構：Type B-MTL-2

第三節 窗戶構造

清水磚裝飾磚造有內外兩層牆，中間夾著空縫，因此每處開窗或開門的設計，必須同時考慮兩道牆的結構、防水、排水、隔熱等系統，並且維持各系統的「獨立性」與「連續性」，以及整合後的視覺效果。因此，門窗的設計與施工均較複雜，技術門檻亦較高。需要特殊的細部設計，處理構造與營建的細節。唯有各功能系統的完善，與整合方能確保此複合式外牆的整體性（integrity）（圖 28）。開門與開窗工法相似，因此以下討論以開窗為主。

結構設計

外側清水磚裝飾牆的開口以傳統楣樑工法為原則，亦即磚工於開窗兩側砌磚至楣樑處，鬆置（loose lay）一支楣樑，搭坐於開口兩側之側牆，然後繼續往上砌磚。常用之楣樑有：木條、石條、預鑄水泥條、以及角鋼等。前三種楣樑明顯外露，為立面設計的一部分，角鋼則大部分隱藏於磚後，在立面上看不見，因此前三種楣樑有結構的自明性，角鋼楣樑則無，觀者會問：為什麼開口上方的紅磚不會掉下來？。清水磚牆楣樑的結構設計，應與後方功能牆的結構設計，在垂直向度彼此獨立。

內側功能牆的開口依不同材料，有不同工法，在 RC 牆上開窗，楣樑可由 RC 的配筋處理，清水磚牆與水泥空心磚牆之楣樑，通常使用鬆置的角鋼處理，角鋼的垂直腳置於空縫內，可保持室內牆面的美觀與完整性。水泥空心磚亦可以倒「冂」字形狀之空心磚，內置鋼筋，澆灌水泥砂漿完成，此工法需要設臨時支撐。結構性輕量型鋼之開口則以上下水平型鋼與組合框架為之，甚為簡單方便。

窗框必須固定在內側的功能牆上，風力由窗扇經窗框傳遞至結構牆（功能牆）上，窗框與外側清水磚裝飾牆之間，彼此結構獨立，容許輕微的相對運動（micro movement）發生，以填縫劑做好視覺上的「補妝」。

視覺設計

清水磚裝飾磚造的空縫大約是 80 mm - 120 mm，窗框需固定於內側的功能牆上，因此剖面上，窗框需要與功能牆重疊，至少 30 – 40 mm，因此一般窗框的深度無法完

全隱藏空縫，設計上需要特別處理。窗楣處，可以加厚楣量的深度，減少空縫的寬度，使窗框可以覆蓋。窗台部分，方法與楣樑近似，「豎砌」的清水磚台度，縱深 240 mm，可以覆蓋空縫，收於下窗框之下方。至於左右兩側之垂直窗框，則有兩種處理方式：其一是將垂直窗框側最靠邊之一塊清水磚，轉向 90 度，亦即 1/2 B 裝飾磚牆在平剖圖上呈現 L 型，L 型的短腳在垂直窗框側抵住後方之 RC 牆，與窗框重疊。此細部設計給予裝飾磚牆的「材料整體感」，視覺上，造成磚牆厚度大於實際的 1/2B 磚的錯覺。另外的一種作法，是製作四片鋁擠型，與窗框外緣扣合，覆蓋空縫，視覺上給予「深框」的錯覺。採用「鋁擠型」（aluminum extrusion），而不用「鋁摺板」（pressed aluminum）的原因是，視覺上，它的線腳漂亮（sharp），與窗框屬於同一「材料語法」（material grammar），它仍是窗框，只是較深，擠型可以作較複雜的設計，除了視覺上的改善，它可助於防水、排水，以及增加材料的強度，不易變形，相對的，成本也較高。此種作法，在歐洲，特別是德國與瑞士，使用普遍，工法成熟，它無須訂做，是材料行架上的成品，可參考本書的國際案例。

防水設計

欲達窗框與外牆介面的完全防水，需在窗戶的四邊作金屬泛水板，依重力原理與水流方向建立金屬泛水板與防潮膜，以及周邊材料，「搭接」（interlocking）或「重疊」（overlapping）的原則。

RC 功能牆

RC 功能牆，窗楣處之金屬泛水板的上緣，與窗戶兩側之金屬泛水板之側緣，均需崁入 RC 牆上，事先切割好的溝槽中，瀝青防潮膜跨過溝槽覆蓋金屬泛水板 15 mm，並作二次防水，密封此溝縫。窗戶兩側之金屬泛水板與窗框面切齊，金屬泛水板與磚面間之細縫「保留空縫」，然而，金屬泛水板與窗框外緣之側面間之空縫，作發泡 PE 棒襯底與填縫劑。

窗台處之清水磚可採傳統「豎砌」，將窗戶表面雨水帶離牆面，金屬泛水板則藏於清水磚台度下。金屬泛水板的上緣水平穿過下窗框與 RC 牆間之縫隙，然後往上摺成垂直面，緊貼與下窗框之面室內面，外露之金屬泛水板將以內裝台度，或其他室內裝修隱藏。下窗框與其下之 RC 牆之間，不可作固定件（通常固定於窗框兩側），避免穿透金屬泛水板，造成漏水問題。金屬泛水板的下緣，藏在豎砌檯度的正下方，突

出牆面時摺成 45 度作滴水，將窗戶周邊被金屬泛水板阻擋，導流至此的水排出。窗台處也可以鋁擠型替代傳統豎砌清水磚的檻度，鋁擠型的深度，由水平窗框下緣延伸至清水磚牆面之外，蓋住空縫與隔熱層，此種作法，可審去檻度處之金屬泛水板，並可與窗戶作整體造型設計，同時達到防水與美觀之功能。

雙層清水磚牆與水泥空心磚牆

雙層清水磚牆與水泥空心磚牆的排水防水工法相近，窗框四邊均作金屬泛水板，金屬泛水板的上緣或側緣，以鋼釘釘於磚面，瀝青防潮膜由牆面跨過固定鋼釘，覆蓋金屬泛水板至少 15 mm，並於金屬泛水板邊緣作二次防水，密封此處之細縫。檻度處之處理與 RC 功能牆同，不重複敘述。

裝飾磚造的防潮膜施作於內層功能牆面室外的牆面，RC 牆，CMU 牆，和雙層清水磚牆的防潮膜，建議採用傳統瀝青、冷瀝青、或是瀝青基礎的防潮或防水材料。她與金屬泛水板的介面，可無縫密合，並且可將 PS 隔熱板，直接黏著於牆上，凡此攻項，均可由磚工處理。

結構性輕量型鋼

結構性輕量型鋼功能牆的防潮處理採用自黏式防潮膜，或 PVC 塑膠布，前者自黏於襯板上（夾板，定向纖維板等），後者則以釘槍釘於襯板上。垂直面施工較為困難，可輔以鋁壓條固定，防潮布的接合處須依據重疊原理施作，水平接合處，上方的防潮布必須覆蓋在下方防潮布之上，重疊至少 150 mm，垂直接合處，也是至少需重疊 150 mm，確保防潮功效的連續性。窗框四周均須作金屬泛水板，楣樑與窗框兩側之金屬泛水板直接釘於襯板上，窗楣處金屬泛水板的垂直高度至少 300 mm，兩側窗框的水平寬度至少 150 mm。防潮膜覆蓋其上，重疊寬度至少 150 mm，PVC 防潮布以黏著劑密合於金屬泛水板之上。檻度處之金屬泛水板之工法與 RC 功能牆相同，楣樑、檻度、與兩側窗框處之「細部處理」，亦與 RC 功能牆相同，不重複敘述。

窗框四周的金屬泛水板於窗框之四角處接合，其接合方式，仍依據重力原理，上前下後之重疊原理，將水導流至牆外，其幾何形狀與組裝方式可參考圖 xx。

結論

　　裝飾磚造為「複合式外牆構造」的一種，它由兩層牆夾一空縫構成，外層裝飾牆可以是清水磚，如本書之焦點，它也可以是其它的許多材料，如石板、木板、金屬板、玻璃、與化學合成板等。雖然，它的工法較為繁複，技術要求高，人為因素也大，然而在國際上，營建工業較成熟的國家均採用此工法，究其原因，不外以下二項：目前，它仍是解決外牆功能性最完善的工法之一，面對極端氣候的危機，與節能減碳的國際共識，外牆功能面的要求日益增加，它在諸多外牆設計中仍然經得起考驗。「複合式外牆構造」的證明它的「工法概念」無法被取代，但是可以作細部上的，因時因地的調整與改善。第二個原因是，複合式外牆將裝飾與功能拆開，各司其職，此一概念提供建築師更大的設計空間，提高了創造性的自由度，因此它歷久彌新。台灣普遍使用的 150 mm 簡易 RC 外牆工法，已無法符合時代的需求，與環境的考驗，因此，這是台灣必須要走的一條路，它將帶來衝擊，但是它將是正面的，是必要的。

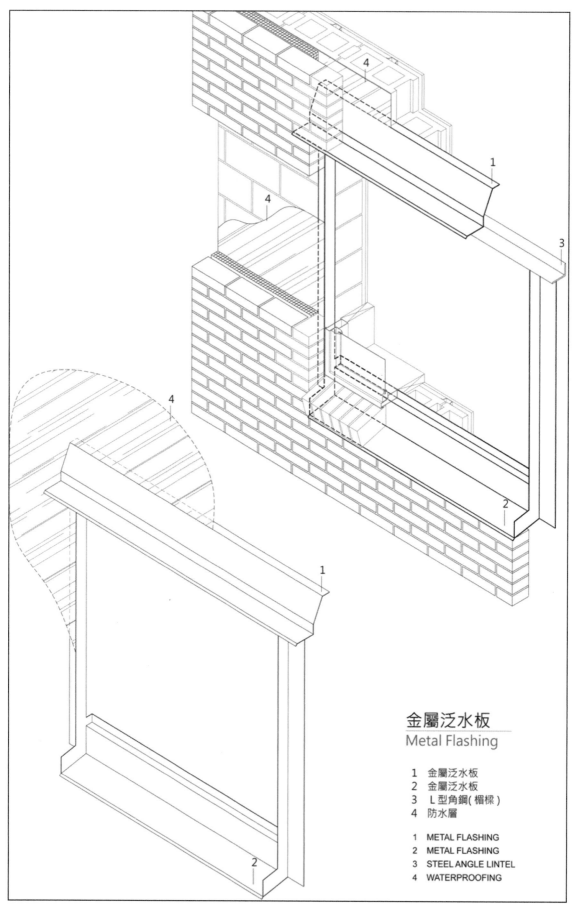

金屬泛水板
Metal Flashing

1　金屬泛水板
2　金屬泛水板
3　L 型角鋼 (楣樑)
4　防水層

1　METAL FLASHING
2　METAL FLASHING
3　STEEL ANGLE LINTEL
4　WATERPROOFING

圖板 2-8 金屬泛水板

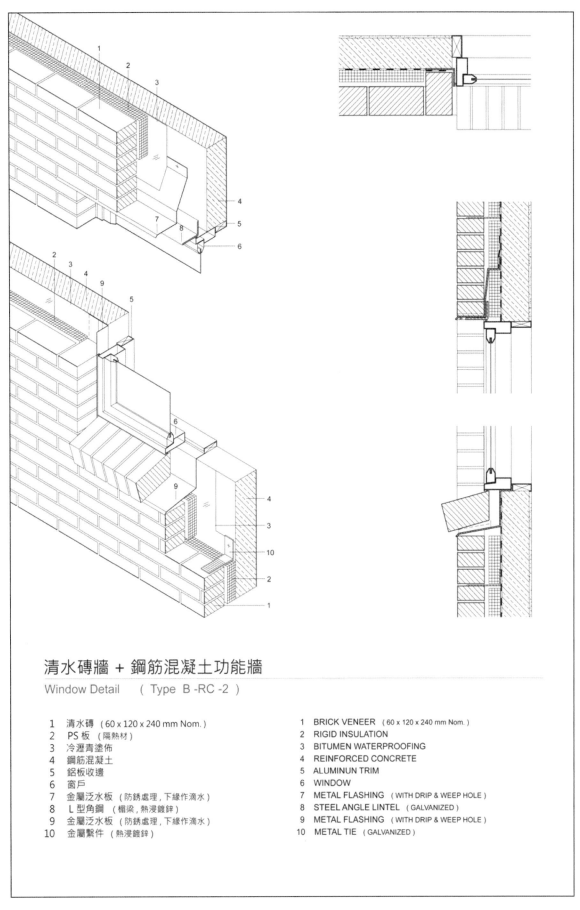

清水磚牆 + 鋼筋混凝土功能牆

Window Detail　　(Type B -RC -2)

1　清水磚（60 x 120 x 240 mm Nom.）	1　BRICK VENEER（60 x 120 x 240 mm Nom.）
2　PS 板（隔熱材）	2　RIGID INSULATION
3　冷瀝青塗佈	3　BITUMEN WATERPROOFING
4　鋼筋混凝土	4　REINFORCED CONCRETE
5　鋁板收邊	5　ALUMINUN TRIM
6　窗戶	6　WINDOW
7　金屬泛水板（防銹處理，下緣作滴水）	7　METAL FLASHING（WITH DRIP & WEEP HOLE）
8　L 型角鋼（楣梁，熱浸鍍鋅）	8　STEEL ANGLE LINTEL（GALVANIZED）
9　金屬泛水板（防銹處理，下緣作滴水）	9　METAL FLASHING（WITH DRIP & WEEP HOLE）
10　金屬繫件（熱浸鍍鋅）	10　METAL TIE（GALVANIZED）

圖板 2-9 窗戶詳圖：Type B-RC-2

01 a．澆灌完成鋼筋混凝土內牆

02 a．塗佈澀青防水

03 a．PS 板黏於澀青上

04 a．砌清水磚外牆
b．承重角鋼鎖於主結構上
c．設置軟接接（填縫劑）
　於主結構與清水磚之間

圖板 2-10 施工分解圖：Type B-RC-2（1）

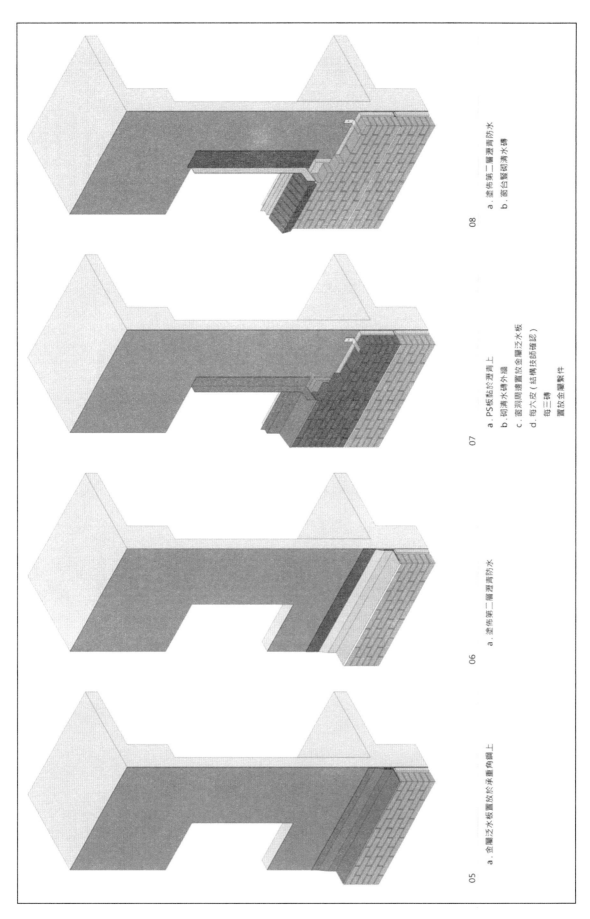

08
a.塗佈第二層濕鋪防水
b.疊合豎砌溝水磚

07
a.PS版黏於濕鋪上
b.砌溝水磚外緣
c.窗洞周邊置放金屬泛水板
d.每六皮（結構技師確認）
每三磚
置放金屬繫件

06
a.塗佈第二層濕鋪防水

05
a.金屬泛水板置放於承重角鋼上

圖板 2-11 施工分解圖：Type B-RC-2（2）

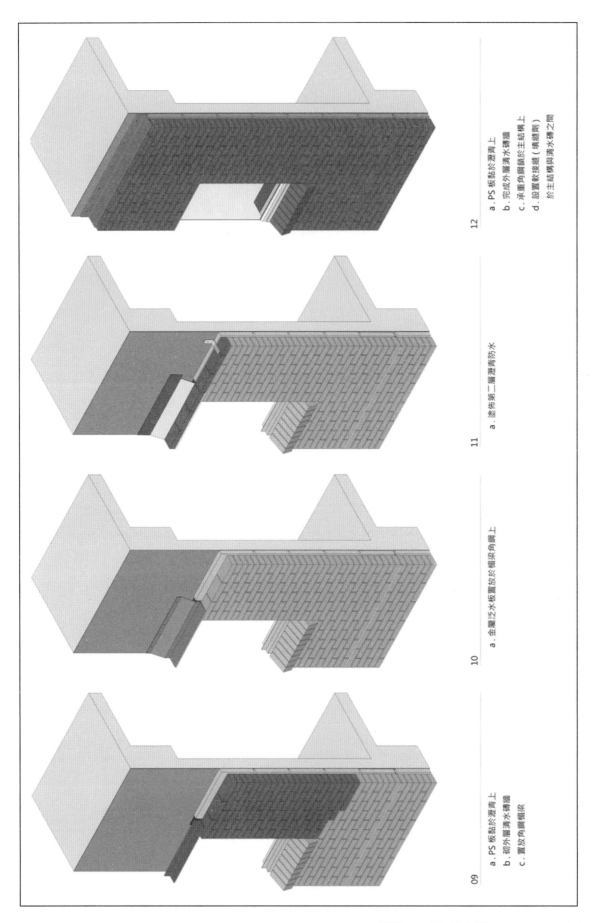

09
a . PS 板黏於濕青上
b . 砌外層清水磚牆
c . 置放角鋼楣梁

10
a . 金屬泛水板置放於楣梁角鋼上

11
a . 塗佈第二層濕青防水

12
a . PS 板黏於濕青上
b . 完成外層清水磚牆
c . 承重角鋼鎖於主結構上
d . 設置軟接縫（填縫劑）
　　於主結構與清水磚之間

圖板 2-12 施工分解圖：Type B-RC-2（3）

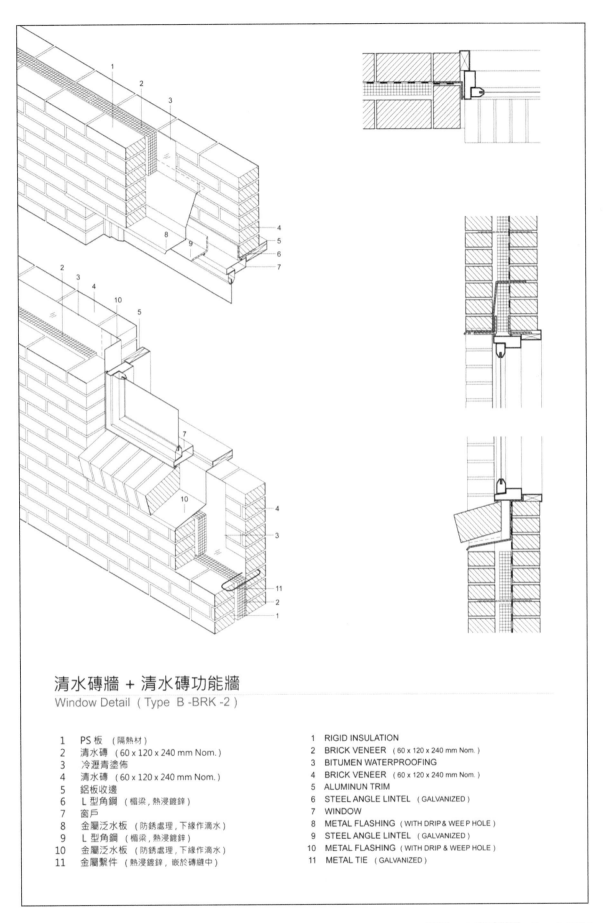

清水磚牆 + 清水磚功能牆
Window Detail（Type B -BRK -2）

1	PS 板　（隔熱材）		1	RIGID INSULATION
2	清水磚　（60 x 120 x 240 mm Nom.）		2	BRICK VENEER　（60 x 120 x 240 mm Nom.）
3	冷瀝青塗佈		3	BITUMEN WATERPROOFING
4	清水磚　（60 x 120 x 240 mm Nom.）		4	BRICK VENEER　（60 x 120 x 240 mm Nom.）
5	鋁板收邊		5	ALUMINUN TRIM
6	L 型角鋼　（楣梁，熱浸鍍鋅）		6	STEEL ANGLE LINTEL　（GALVANIZED）
7	窗戶		7	WINDOW
8	金屬泛水板　（防銹處理，下緣作滴水）		8	METAL FLASHING　（WITH DRIP & WEEP HOLE）
9	L 型角鋼　（楣梁，熱浸鍍鋅）		9	STEEL ANGLE LINTEL　（GALVANIZED）
10	金屬泛水板　（防銹處理，下緣作滴水）		10	METAL FLASHING　（WITH DRIP & WEEP HOLE）
11	金屬繫件　（熱浸鍍鋅，嵌於磚縫中）		11	METAL TIE　（GALVANIZED）

圖板 2-13 窗戶詳圖：Type B-BRK-2

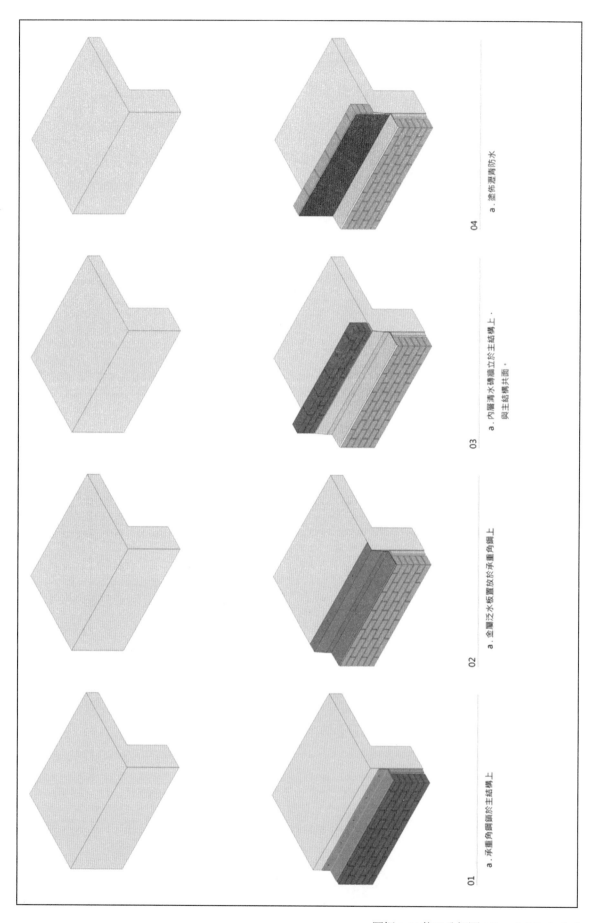

01　a.承重角鋼鎖於主結構上

02　a.金屬泛水板板置放於承重角鋼上

03　a.內層清水磚牆立於主結構上，
　　與主結構共面。

04　a.塗佈瀝青防水

圖板 2-14 施工分解圖：Type B-BRK-2（1）

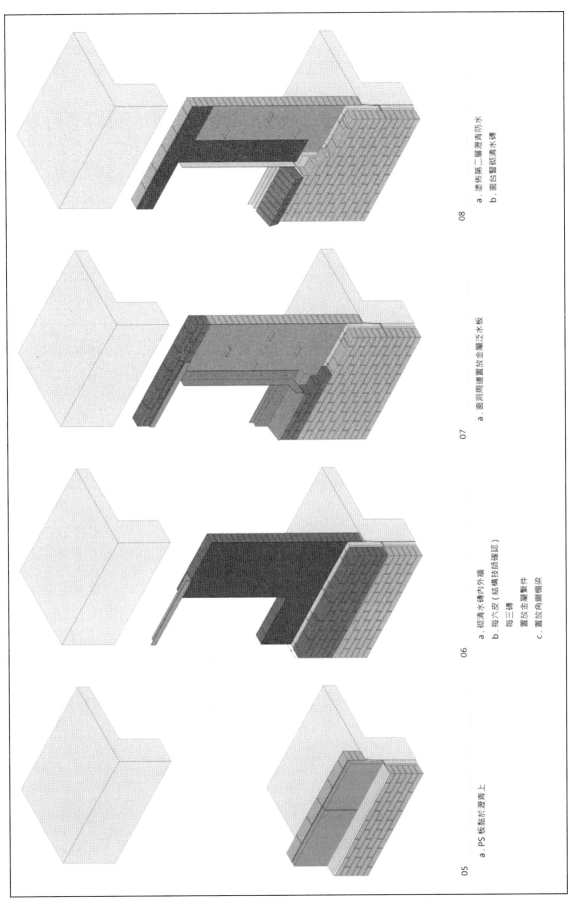

08　a . 塗佈第二層瀝青防水
　　b . 面台暨砌滴水磚

07　a . 面側周邊置放金屬泛水板

06　a . 砌滴水磚內外牆
　　b . 每六皮（結構技師確認）
　　　 每三磚
　　　 置放金屬繫件
　　c . 置放角鋼楣梁

05　a . PS 板黏於混凝土

圖板 2-15 施工分解圖：Type B-BRK-2（2）

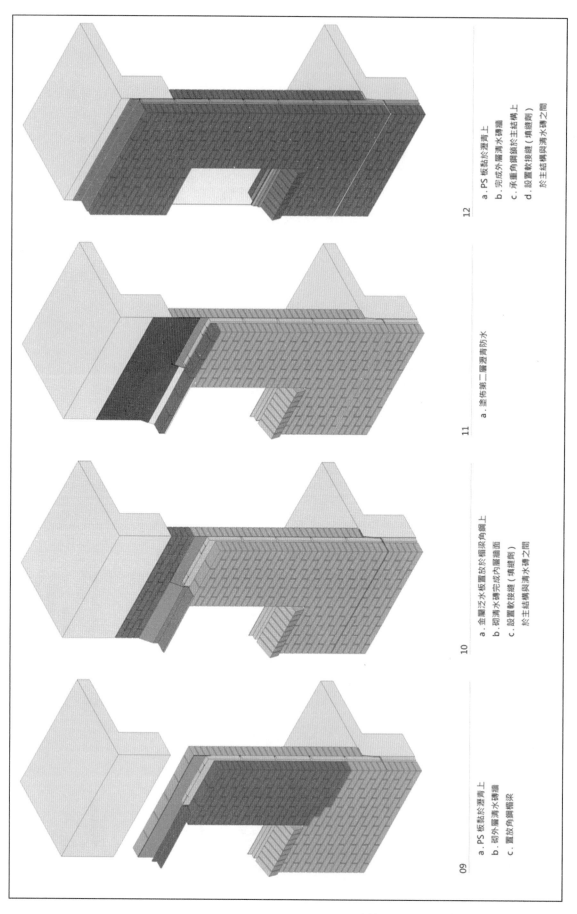

09
a.PS 板黏於瀝青上
b.砌外層清水磚牆
c.置放角鋼楣梁

10
a.金屬泛水板置放於楣梁角鋼上
b.砌清水磚完成內層牆面
c.設置軟接縫（填縫劑）
　於主結構與清水磚之間

11
a.塗佈第二層瀝青防水

12
a.PS 板點於瀝青上
b.完成外層清水磚牆
c.承重角鋼錨於主結構上
d.設置軟接縫（填縫劑）
　於主結構與清水磚之間

圖板 2-16 施工分解圖：Type B-BRK-2 （3）

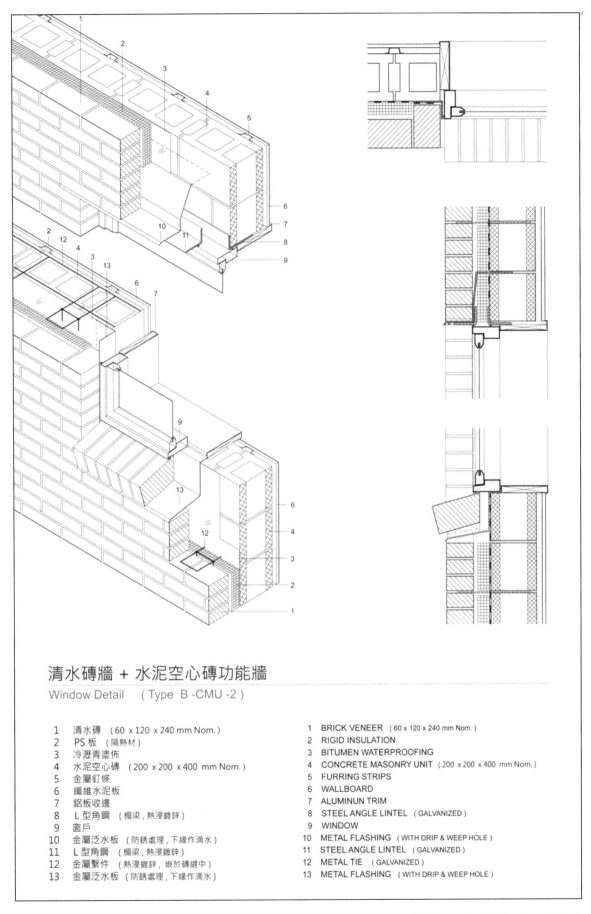

清水磚牆 + 水泥空心磚功能牆

Window Detail （Type B -CMU -2）

1	清水磚 （60 x 120 x 240 mm Nom.）	1	BRICK VENEER （60 x 120 x 240 mm Nom.）
2	PS板 （隔熱材）	2	RIGID INSULATION
3	冷瀝青塗佈	3	BITUMEN WATERPROOFING
4	水泥空心磚 （200 x 200 x 400 mm Nom.）	4	CONCRETE MASONRY UNIT （200 x 200 x 400 mm Nom.）
5	金屬釘條	5	FURRING STRIPS
6	纖維水泥板	6	WALLBOARD
7	鋁板收邊	7	ALUMINUN TRIM
8	L 型角鋼 （楣梁,熱浸鍍鋅）	8	STEEL ANGLE LINTEL （GALVANIZED）
9	窗戶	9	WINDOW
10	金屬泛水板 （防銹處理,下緣作滴水）	10	METAL FLASHING （WITH DRIP & WEEP HOLE）
11	L 型角鋼 （楣梁,熱浸鍍鋅）	11	STEEL ANGLE LINTEL （GALVANIZED）
12	金屬繫件 （熱浸鍍鋅,嵌於磚縫中）	12	METAL TIE （GALVANIZED）
13	金屬泛水板 （防銹處理,下緣作滴水）	13	METAL FLASHING （WITH DRIP & WEEP HOLE）

圖板 2-17 窗戶詳圖：Type B-CMU-2

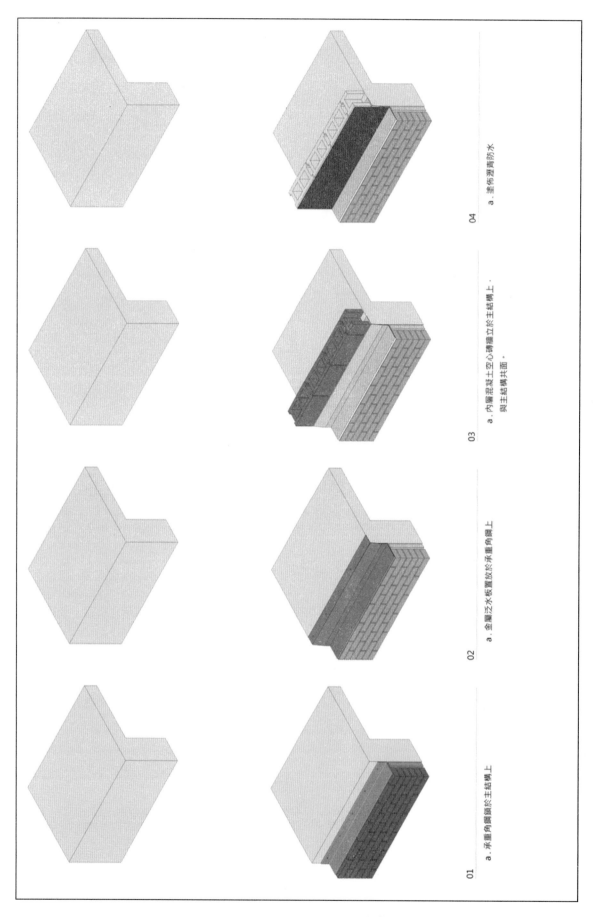

圖板 2-18 施工分解圖：Type B-CMU-2（1）

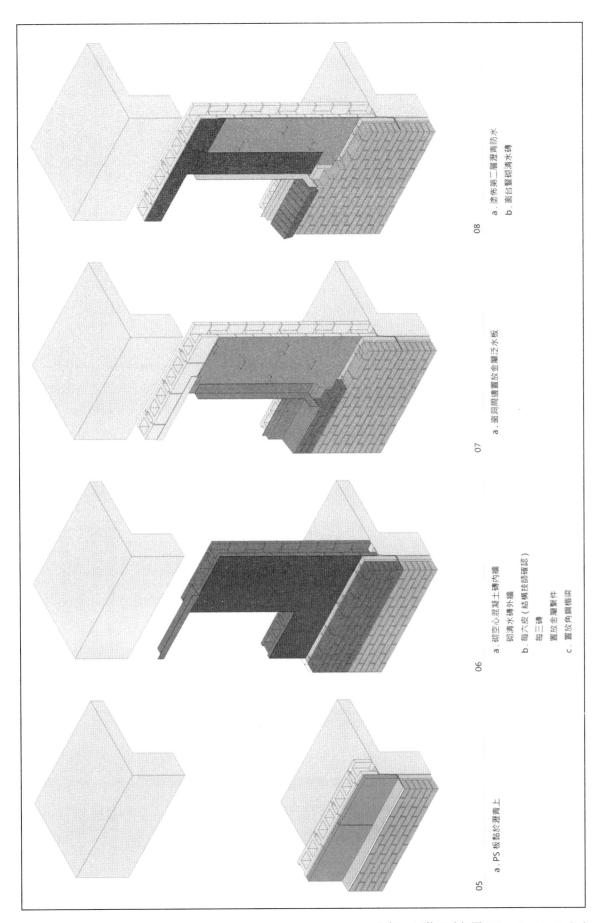

圖板 2-19 施工分解圖：Type B-CMU-2（2）

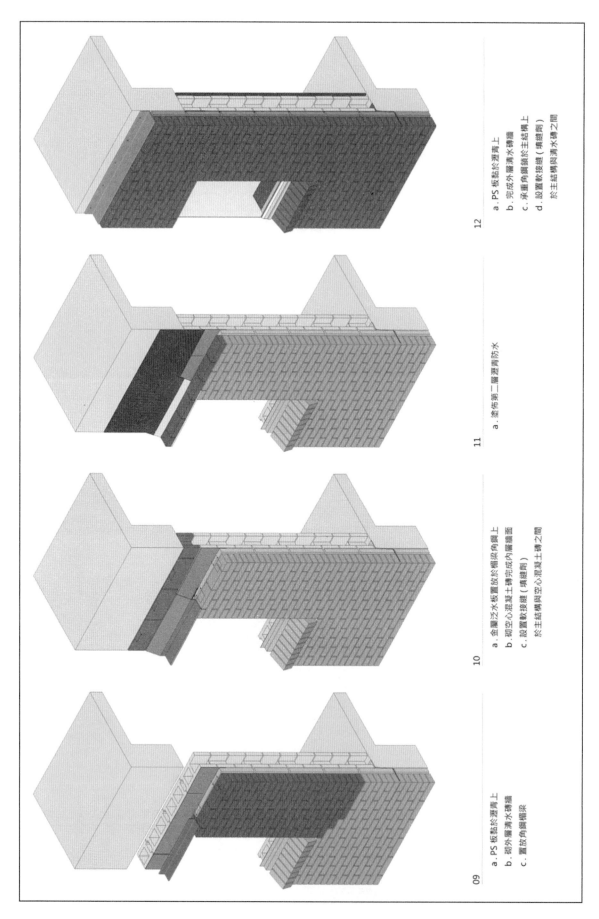

12

a. PS 板黏於濕青上
b. 完成外層清水磚牆
c. 承重角鋼鎖於主結構上
d. 設置軟接縫（填縫劑）
　　於主結構與清水磚之間

11

a. 塗佈第二層瀝青防水

10

a. 金屬泛水板置放於帽梁角鋼上
b. 砌空心混凝土磚完成內層牆面
c. 設置軟接縫（填縫劑）
　　於主結構與空心混凝土磚之間

09

a. PS 板黏於濕青上
b. 砌外層清水磚牆
c. 置放角鋼帽梁

圖板 2-20 施工分解圖：Type B-CMU-2（1）

60

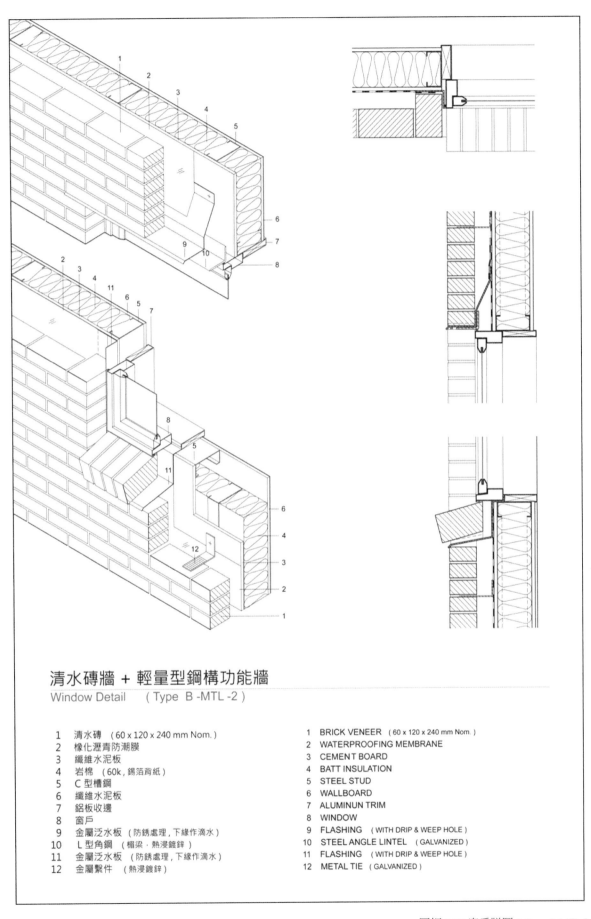

清水磚牆 + 輕量型鋼構功能牆

Window Detail　　（ Type　B -MTL -2 ）

1	清水磚 （60 x 120 x 240 mm Nom. ）	1	BRICK VENEER （60 x 120 x 240 mm Nom. ）
2	橡化瀝青防潮膜	2	WATERPROOFING MEMBRANE
3	纖維水泥板	3	CEMENT BOARD
4	岩棉 （60k , 錫箔背紙）	4	BATT INSULATION
5	C 型槽鋼	5	STEEL STUD
6	纖維水泥板	6	WALLBOARD
7	鋁板收邊	7	ALUMINUN TRIM
8	窗戶	8	WINDOW
9	金屬泛水板 （防銹處理 , 下緣作滴水）	9	FLASHING （WITH DRIP & WEEP HOLE ）
10	L 型角鋼 （楣梁 , 熱浸鍍鋅）	10	STEEL ANGLE LINTEL （GALVANIZED ）
11	金屬泛水板 （防銹處理 , 下緣作滴水）	11	FLASHING （WITH DRIP & WEEP HOLE ）
12	金屬繫件 （熱浸鍍鋅）	12	METAL TIE （GALVANIZED ）

圖板 2-21 窗戶詳圖：Type B-MTL-2

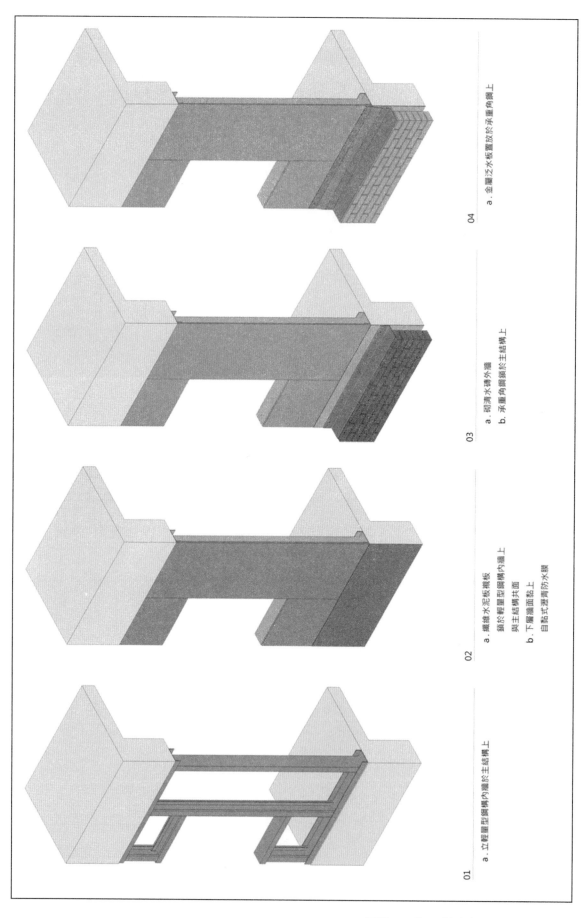

01　a.立輕量型鋼構內牆於主結構上

02　a.纖維水泥板襯板
　　鎖於輕量型鋼構內牆與主結構共面
　　b.下層牆面黏上
　　自黏式瀝青防水膜

03　a.砌清水磚外牆
　　b.承重角鋼鎖於主結構上

04　a.金屬泛水板置放於承重角鋼上

圖板 2-22 施工分解圖：Type B-MTL-2（1）

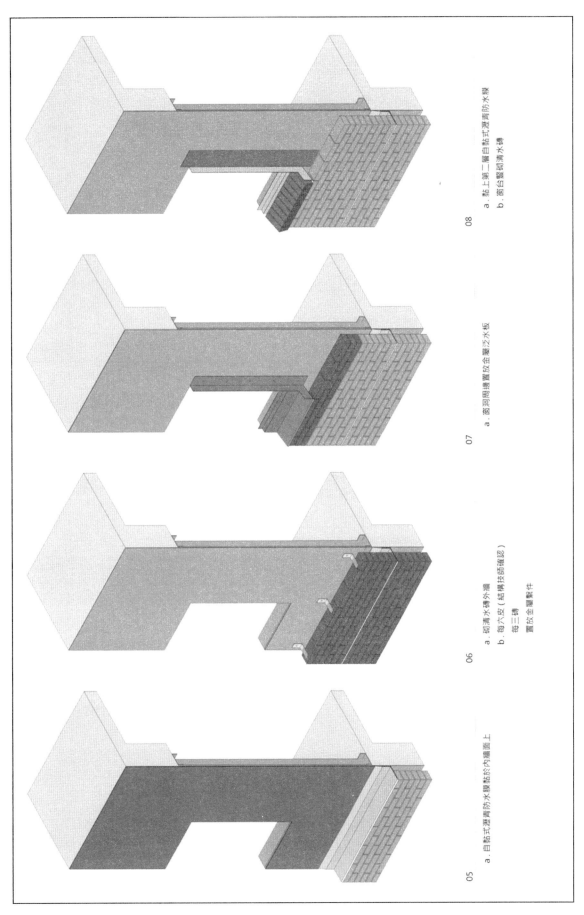

08　a.貼上第二層自黏式瀝青防水膜
　　b.面台暨砌滴水磚

07　a.窗洞周邊置放金屬泛水板

06　a.砌滴水磚外漏
　　b.每六皮（結構技師確認）
　　　每三磚
　　　置放金屬繫件

05　a.自黏式瀝青防水膜黏於內牆面上

圖板 2-24 施工分解圖：Type B-MTL-2（3）

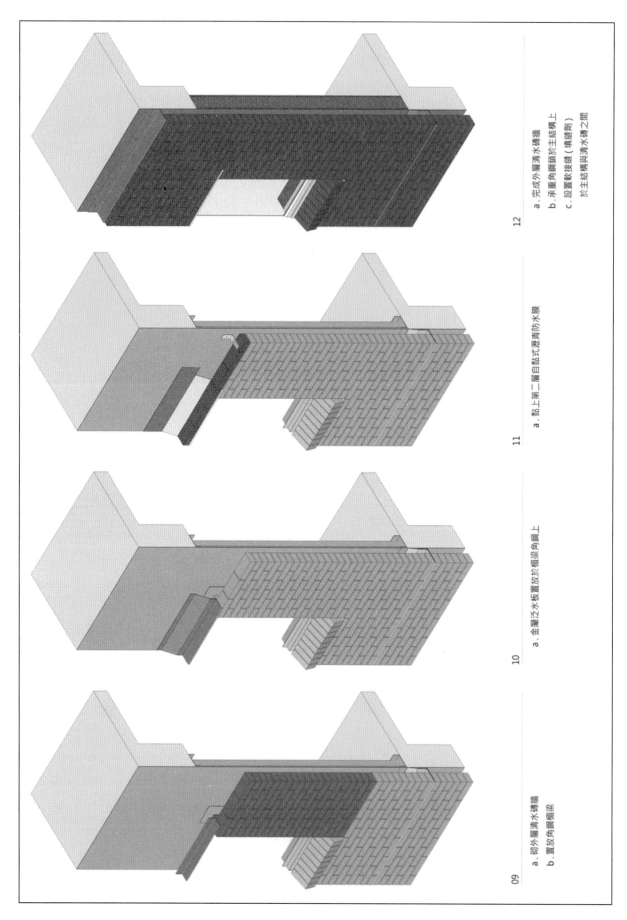

12
a. 完成外層清水磚牆
b. 承重角鋼鎖於主結構上
c. 設置軟接縫（填縫劑）
　於主結構與清水磚之間

11
a. 黏上第二層自黏式瀝青防水膜

10
a. 金屬泛水板置放於楣梁角鋼上

09
a. 砌外層清水磚牆
b. 置放角鋼楣梁

第三章　裝飾磚造與複層外牆系統之評估

第一節　裝飾磚造與複層外牆系統造價分析

改善建築的節能效益，需要付出代價。本節將上節中之各類牆種的造價，作一次試算與比較，試圖釐清各類牆種在市場上的價格競爭力。價格的參考來源有：民國 99 年 7 月底以前發包出去的公共工程案，施作廠商的詢價（營造廠與供料商），營建物價指數（民國 99 年 7 月），與台北市政府審定的 98 年度工程預算單價等。務使此單價分析接近市場價格。我們採用建築師事務所使用的單價分析方法，明列各項材料的單位價格，與各工種的單位工資，試算出各類外牆「單位米平方」的造價，並將各類牆種的單位造價作比較，「面磚水泥外牆」仍是我們比較造價的參考基線。

本研究從單位面積造價以及外牆系統對建築單元耗能兩方面評估清水磚裝飾外牆，並用同樣的方式比較其他類型之複層外牆，以作為參考。

評估用材質（外牆系統）代號說明：

外牆系統代號為 A–B–C

A：外牆材質

B：內牆材質

C：含隔熱材否

外牆材料

T：tile（磁磚）

B：brick（清水磚）

AL：aluminum（鋁板）

WD：wood（木質雨淋板）

內牆材料

RC：reinforced concrete（鋼筋混凝土造）

BRK ：brick（清水磚造）

CMU：concrete masonry units（空心磚造）

MTL：metal stud（輕量型鋼構）

含隔熱材與否

1：無隔熱材

2：有隔熱材（PS 或者 岩棉）

排列順序

T-RC-1/T-RC-2/B-RC-1/B-RC-2/AL-RC-1/AL-RC-2/WD-RC-1/WD-RC-2/B-BRK-1/

B-BRK-2/B-CMU-1/B-CMU-2/AL-CMU-1/AL-CMU-2/WD-CMU-1/WD-CMU-2/

B-MTL-2/AL-MTL-1/WD-MTL-2/

註解

註 1：台北市政府 98 年度工程單價

註 2：99 年營建物價

註 3：闕河濱建築事務所（99 年營造廠詢價）

註 4：廖偉立建築事務所（99 年營造廠詢價）

註 5：九典建築事務所（99 年營造廠詢價）

註 6：廠商詢價？

一、T-RC-1

項次	工料項目	單位	單價（NT）
	T-RC-1		
1	面磚	m²	1361
2	RC 牆	m²	1784
3	內裝	m²	335
	總計	m²	3480 元

面磚

項次	工料項目	厚度 mm	單位	數量	單價	複價	價格資料
1	外牆面磚（二丁掛）	10	m²	1	750	750	註 3
2	1:2 水泥砂漿	15	m²	1	102	102	註 1
3	面磚黏著劑	*	kg	3	47	141	註 1
4	海菜粉	*	kg	0.06	107	6	註 1
5	防水劑	*	kg	0.05	195	10	註 1
6	面磚抹縫石粉（本色）	*	式	1	47	47	註 1
7	牆面打底工資	*	m²	1	148	148	註 1
8	貼磚工資（含小搬運）	*	m²	1	148	148	註 1
9	工料及工具損耗	*	m²	1	9	9	註 1
小計		每 m² 單價計					1361 元

RC 牆

項次	工料項目	厚度 mm	單位	數量	單價	複價	價格資料
1	RC 結構牆	150	m²	1	800	800	註 1
2	5 分夾板模	*	m²	1	684	684	註 1
3	營建模板安裝工	*	m²	0.52（hr）	323	168	註 1
4	生產體力工	*	m²	0.52（hr）	286	97	註 1
5	五金鐵件	*	kg	0.1	35	4	註 1
6	木料及底油	*	m²	1	10	10	註 1
7	拔釘清理刷油工資	*	m²	1	10	10	註 1
8	零星工料	*	式	1	11	11	註 1
小計		每 m² 單價計					1784 元

內裝

項次	工料項目	厚度 mm	單位	數量	單價	複價	價格資料
1	1:3 水泥砂漿	10	m²	0.03	2717	82	註 1
2	牆面打底工資	*	m²	1	146	146	註 1
3	平光水性水泥漆（一底二度）	*	m²	1	78	78	註 1
4	油漆技術工	*	m²	0.03	800	24	註 2
5	工料及工具損耗	*	式	1	5	5	註 1
小計		每 m² 單價計					335 元

註 1：台北市政府 98 年度工程單價

註 2：99 年營建物價

註 3：闕河濱建築事務所（99 年營造廠詢價）

二、T-RC-2

	T-RC-2		
項次	工料項目	單位	單價（NT）
1	面磚	㎡	1361
2	RC 牆	㎡	1784
3	單面輕隔間＋隔熱	㎡	952
4	內裝	㎡	146
	總計	㎡	4243 元

		面磚					
項次	工料項目	厚度 mm	單位	數量	單價	複價	價格資料
1	外牆面磚（二丁掛）	10	㎡	1	750	750	註 3
2	1:2 水泥砂漿	＊	㎡	1	102	102	註 1
3	面磚粘著劑	＊	kg	3	47	141	註 1
4	海菜粉	＊	kg	0.06	107	6	註 1
5	防水劑	＊	kg	0.05	195	10	註 1
6	面磚抹縫石粉（本色）	＊	式	1	47	47	註 1
7	牆面打底工資	＊	㎡	1	148	148	註 1
8	貼磚工資（含小搬運）	＊	㎡	1	148	148	註 1
9	工料及工具損耗	＊	㎡	1	9	9	註 1
小計				每㎡單價計			1361 元

		RC 牆					
項次	工料項目	厚度 mm	單位	數量	單價	複價	價格資料
1	RC 結構牆	150	㎡	1	800	800	註 1
2	5 分夾板模	＊	㎡	1	684	684	註 1
3	營建模板安裝工	＊	㎡	0.52（hr）	323	168	註 1
4	生產體力工	＊	㎡	0.52（hr）	286	97	註 1
5	五金鐵件	＊	kg	0.1	35	4	註 1
6	木料及底油	＊	㎡	1	10	10	註 1
7	拔釘清理刷油工資	＊	㎡	1	10	10	註 1
8	零星工料	＊	式	1	11	11	註 1
小計				每㎡單價計			1784 元

		單面輕隔間＋隔熱					
項次	工料項目	厚度 mm	單位	數量	單價	複價	價格資料
1	背襯骨架	＊	㎡	1	249	249	註 1
2	木絲水泥板	12	㎡	1	350	350	註 1
3	鋁壓條	＊	㎡	1	15	15	註 1
4	PS 發泡板	25	㎡	1	263	263	註 1
5	隔熱板安裝工資	＊	㎡	1	10	10	註 1
6	搬運及損耗	＊	㎡	1	5	5	註 1
7	工料及工具損耗	＊	式	1	60	60	註 1
小計				每㎡單價計			952 元

		內裝					
項次	工料項目	厚度 mm	單位	數量	單價	複價	價格資料
1	接縫補土	＊	㎡	1	14	14	註 3
2	平光水性水泥漆（一底二度）	＊	㎡	1	78	78	註 1
3	批土及油漆工資	＊	式	1	49	49	註 3
4	工料及工具損耗	＊	式	1	5	5	註 3
小計				每㎡單價計			146 元

註 1：台北市政府 98 年度工程單價

註 3：闕河濱建築事務所（99 年營造廠詢價）

三、B-RC-1

B-RC-1			
項次	工料項目	單位	單價（NT）
1	1B 清水磚	㎡	1451
2	RC 牆＋防水	㎡	2484
3	內裝	㎡	335
	總計	㎡	4270 元

1B 清水磚							
項次	工料項目	厚度 mm	單位	數量	單價	複價	價格資料
1	1B 窯燒清水磚	120	塊	60	12	720	註 5
2	抹縫料／水泥砂漿	＊	包	0.02	165	3	註 4
3	抹縫料／滑粉（川砂）	＊	kg	0.06	900	54	註 4
4	固定繫件（連工帶料）：L 型不鏽鋼角鐵（5cm×35cm×0.5cm）金屬菱形網	＊	㎡	1	250	250	註 4
5	工料及工具耗損	＊	式	1.00	30	30	註 4
6	清水磚堆砌工資	＊	㎡	60.00	6	360	註 5
7	工地搬運工	＊	㎡	1	34	34	註 1
小計			每㎡單價計				1451 元

RC 牆＋防水							
項次	工料項目	厚度 mm	單位	數量	單價	複價	價格資料
1	冷瀝青（連工帶料）	2	㎡	1	700	700	註 3
2	RC 結構牆	150	㎡	1	800	800	註 1
3	5 分夾板模	＊	㎡	1	684	684	註 1
4	營建模板安裝工	＊	㎡	0.52（hr）	323	168	註 1
5	生產體力工	＊	㎡	0.52（hr）	286	97	註 1
6	五金鐵件	＊	kg	0.1	35	4	註 1
7	木料及底油	＊	㎡	1	10	10	註 1
8	拔釘清理刷油工資	＊	㎡	1	10	10	註 1
9	零星工料	＊	式	1	11	11	註 1
小計			每㎡單價計				2484 元

內裝							
項次	工料項目	厚度 mm	單位	數量	單價	複價	價格資料
1	1:3 水泥砂漿	10	㎡	0.03	2717	82	註 1
2	牆面打底工資	＊	㎡	1	146	146	註 1
3	平光水性水泥漆（一底二度）	＊	㎡	1	78	78	註 1
4	油漆技術工	＊	㎡	0.03	800	24	註 2
5	工料及工具損耗	＊	式	1	5	5	註 1
小計			每㎡單價計				335 元

註 1：台北市政府 98 年度工程單價

註 5：九典建築事務所（99 年營造廠詢價）

四、B-RC-2

	B-RC-1		
項次	工料項目	單位	單價（NT）
1	1B清水磚	㎡	1451
2	RC牆＋防水	㎡	2484
3	內裝	㎡	335
	總計	㎡	4270元

	1B清水磚						
項次	工料項目	厚度 mm	單位	數量	單價	複價	價格資料
1	1B窯燒清水磚	120	塊	60	12	720	註5
2	抹縫料／水泥砂漿	＊	包	0.02	165	3	註4
3	抹縫料／滑粉（川砂）	＊	kg	0.06	900	54	註4
4	固定繫件（連工帶料）： L型不鏽鋼角鐵（5cm×35cm×0.5cm） 金屬菱形網	＊	㎡	1	250	250	註4
5	工料及工具耗損	＊	式	1.00	30	30	註4
6	清水磚堆砌工資	＊	㎡	60.00	6	360	註5
7	工地搬運工	＊	㎡	1	34	34	註1
小計			每㎡單價計				1451元

	RC牆＋防水						
項次	工料項目	厚度 mm	單位	數量	單價	複價	價格資料
1	冷瀝青（連工帶料）	2	㎡	1	700	700	註3
2	RC結構牆	150	㎡	1	800	800	註1
3	5分夾板模	＊	㎡	1	684	684	註1
4	營建模板安裝工	＊	㎡	0.52（hr）	323	168	註1
5	生產體力工	＊	㎡	0.52（hr）	286	97	註1
6	五金鐵件	＊	kg	0.1	35	4	註1
7	木料及底油	＊	㎡	1	10	10	註1
8	拔釘清理刷油工資	＊	㎡	1	10	10	註1
9	零星工料	＊	式	1	11	11	註1
小計			每㎡單價計				2484元

	內裝						
項次	工料項目	厚度 mm	單位	數量	單價	複價	價格資料
1	1:3水泥砂漿	10	㎡	0.03	2717	82	註1
2	牆面打底工資	＊	㎡	1	146	146	註1
3	平光水性水泥漆（一底二度）	＊	㎡	1	78	78	註1
4	油漆技術工	＊	㎡	0.03	800	24	註2
5	工料及工具損耗	＊	式	1	5	5	註1
小計			每㎡單價計				335元

註1：台北市政府98年度工程單價

註2：99年營建物價

註3：闕河濱建築事務所（99年營造廠詢價）

註4：廖偉立建築事務所（99年營造廠詢價）

註5：九典建築事務所（99年營造廠詢價）

五、AL-RC-1

項次	工料項目	單位	單價（NT）
1	鋁板	㎡	3919
2	RC 牆＋防水	㎡	2484
3	內裝	㎡	335
	總計	㎡	6738 元

鋁板						
項次	工料項目	厚度 mm	單位	數量	單價	複價	價格資料
1	1100 H14 3.0t 鋁板	＊	kg	9.6	158	1517	註 3
2	面板背襯／鋁擠型	＊	kg	7	166	1162	註 3
3	不鏽鋼六角螺栓、螺帽、墊片組	＊	式	1	131	131	註 3
4	無油污防水矽膠	＊	㎡	2.4	175	420	註 3
5	工地安裝工資	＊	㎡	1	569	569	註 3
6	工料及工具損耗	＊	式	1	120	120	註 3
小計		每㎡單價計					3919 元

RC 牆＋防水						
項次	工料項目	厚度 mm	單位	數量	單價	複價	價格資料
1	RC 結構牆	150	㎡	1	800	800	註 1
2	5 分夾板模	＊	㎡	1	684	684	註 1
3	營建模板安裝工	＊	㎡	0.52（hr）	323	168	註 1
4	生產體力工	＊	㎡	0.52（hr）	286	97	註 1
5	五金鐵件	＊	kg	0.1	35	4	註 1
6	木料及底油	＊	㎡	1	10	10	註 1
7	拔釘清理刷油工資	＊	㎡	1	10	10	註 1
8	冷瀝青（連工帶料）	2	㎡	1	700	700	註 3
9	零星工料	＊	式	1	11	11	註 1
小計		每㎡單價計					2484 元

內裝						
項次	工料項目	厚度 mm	單位	數量	單價	複價	價格資料
1	1:3 水泥砂漿	10	㎡	0.03	2717	82	註 1
2	牆面打底工資	＊	㎡	1	146	146	註 1
3	平光水性水泥漆（一底二度）	＊	㎡	1	78	78	註 1
4	油漆技術工	＊	㎡	0.03	800	24	註 2
5	工料及工具損耗	＊	式	1	5	5	註 1
小計		每㎡單價計					335 元

註 1：台北市政府 98 年度工程單價

註 2：99 年營建物價

註 3：闕河濱建築事務所（99 年營造廠詢價）

六、AL-RC-2

項次	工料項目	單位	單價（NT）
1	鋁板＋隔熱	㎡	4192
2	RC牆＋防水	㎡	2484
3	內裝	㎡	335
	總計	㎡	7011元

鋁板＋隔熱

項次	工料項目	厚度 mm	單位	數量	單價	複價	價格資料
1	1100 H14 3.0t 鋁板	＊	kg	9.6	158	1517	註3
2	面板背襯／鋁擠型	＊	kg	7	166	1162	註3
3	不鏽鋼六角螺栓、螺帽、墊片組	＊	式	1	131	131	註3
4	無油污防水矽膠	＊	㎡	2.4	175	420	註3
5	工地安裝工資	＊	㎡	1	569	569	註3
6	PS發泡板	2.5	㎡	1	263	263	註1
7	發泡板安裝工資	＊	㎡	1	10	10	註1
8	工料及工具損耗	＊	式	1	120	120	註3
小計				每㎡單價計			4192元

RC牆＋防水

項次	工料項目	厚度 mm	單位	數量	單價	複價	價格資料
1	RC結構牆	150	㎡	1	800	800	註1
2	5分夾板模	＊	㎡		684	684	註1
3	營建模板安裝工	＊	㎡	0.52（hr）	323	168	註1
4	生產體力工	＊	㎡	0.52（hr）	286	97	註1
5	五金鐵件	＊	kg	0.1	35	4	註1
6	木料及底油	＊	㎡	1	10	10	註1
7	拔釘清理刷油工資	＊	㎡	1	10	10	註1
8	冷瀝青（連工帶料）	2	㎡	1	700	700	註3
9	零星工料	＊	式	1	11	11	註1
小計				每㎡單價計			2484元

內裝

項次	工料項目	厚度 mm	單位	數量	單價	複價	價格資料
1	1:3水泥砂漿	10	㎡	0.03	2717	82	註1
2	牆面打底工資	＊	㎡	1	146	146	註1
3	平光水性水泥漆（一底二度）	＊	㎡	1	78	78	註1
4	油漆技術工	＊	㎡	0.03	800	24	註2
5	工料及工具損耗	＊	式	1	5	5	註1
小計				每㎡單價計			335元

註1：台北市政府98年度工程單價

註2：99年營建物價

註3：闕河濱建築事務所（99年營造廠詢價）

七、WD-RC-1

WD-RC-1			
項次	工料項目	單位	單價（NT）
1	雨淋板	㎡	2300
2	RC牆＋防水	㎡	2484
3	內裝	㎡	335
	總計	㎡	5119元

雨淋板

項次	工料項目	厚度 mm	單位	數量	單價	複價	價格資料
1	碳化木雨淋板（含實木收邊）	18	㎡	1	900	900	註5
2	角料／南方松 ACQ	＊	㎡	1	100	100	註5
3	護木油工料（一底二度）抗指外線	＊	式	1	350	350	註5
4	雨淋板安裝工資	＊	式	1	900	900	註5
5	五金另料及損耗	＊	式	1	50	50	註5
小計			每㎡單價計				2300元

RC牆＋防水

項次	工料項目	厚度 mm	單位	數量	單價	複價	價格資料
1	RC結構牆	150	㎡	1	800	800	註1
2	5分夾板模	＊	㎡	1	684	684	註1
3	營建模板安裝工	＊	㎡	0.52（hr）	323	168	註1
4	生產體力工	＊	㎡	0.52（hr）	286	97	註1
5	五金鐵件	＊	kg	0.1	35	4	註1
6	木料及底油	＊	㎡	1	10	10	註1
7	拔釘清理刷油工資	＊	㎡	1	10	10	註1
8	冷瀝青（連工帶料）	2	㎡	1	700	700	註3
9	零星工料	＊	式	1	11	11	註1
小計			每㎡單價計				2484元

內裝

項次	工料項目	厚度 mm	單位	數量	單價	複價	價格資料
1	1:3水泥砂漿	10	㎡	0.03	2717	82	註1
2	牆面打底工資	＊	㎡	1	146	146	註1
3	平光水性水泥漆（一底二度）	＊	㎡	1	78	78	註1
4	油漆技術工	＊	㎡	0.03	800	24	註2
5	工料及工具損耗	＊	式	1	5	5	註1
小計			每㎡單價計				335元

註1：台北市政府98年度工程單價

註2：99年營建物價

註3：闕河濱建築事務所（99年營造廠詢價）

註5：九典建築事務所（99年營造廠詢價）

八、WD-RC-2

WD-RC-2			
項次	工料項目	單位	單價（NT）
1	雨淋板	㎡	2300
2	RC牆＋防水與隔熱	㎡	2757
3	內裝	㎡	335
	總計	㎡	5392 元

雨淋板

項次	工料項目	厚度 mm	單位	數量	單價	複價	價格資料
1	碳化木雨淋板（含實木收邊）	18	㎡	1	900	900	註5
2	角料／南方松 ACQ	＊	㎡	1	100	100	註5
3	護木油工料（一底二度）抗指外線	＊	式	1	350	350	註5
4	雨淋板安裝工資	＊	式	1	900	900	註5
5	五金另料及損耗	＊	式	1	50	50	註5
	小計		每㎡單價計				2300 元

RC牆＋防水＋隔熱

項次	工料項目	厚度 mm	單位	數量	單價	複價	價格資料
1	RC結構牆	150	㎡	1	800	800	註1
2	5分夾板模	＊	㎡	1	684	684	註1
3	營建模板安裝工	＊	㎡	0.52（hr）	323	168	註1
4	生產體力工	＊	㎡	0.52（hr）	286	97	註1
5	五金鐵件	＊	kg	0.1	35	4	註1
6	木料及底油	＊	㎡	1	10	10	註1
7	拔釘清理刷油工資	＊	㎡	1	10	10	註1
8	PS板	2.5	㎡	1	263	263	註1
9	發泡板按裝工資	＊	㎡	1	10	10	註1
10	冷瀝青（連工帶料）	2	㎡	1	700	700	註3
11	零星工料	＊	式	1	11	11	註1
	小計		每㎡單價計				2757 元

內裝

項次	工料項目	厚度 mm	單位	數量	單價	複價	價格資料
1	1:3 水泥砂漿	10	㎡	0.03	2717	82	註1
2	牆面打底工資	＊	㎡	1	146	146	註1
3	平光水性水泥漆（一底二度）	＊	㎡	1	78	78	註1
4	油漆技術工	＊	㎡	0.03	800	24	註2
5	工料及工具損耗	＊	式	1	5	5	註1
	小計		每㎡單價計				335 元

註1：台北市政府 98 年度工程單價

註2：99 年營建物價

註5：九典建築事務所（99 年營造廠詢價）

九、B-BRK-1

B-BRK-1			
項次	工料項目	單位	單價（NT）
1	雙層清水磚＋防水	㎡	3277
	總計	㎡	3277 元

雙層清水磚＋防水							
項次	工料項目	厚度 mm	單位	數量	單價	複價	價格資料
1	1B 窯燒清水磚	120	塊	60×2	24	1440	註 5
2	抹縫料／水泥砂漿	＊	包	0.02	165	3	註 4
3	抹縫料／滑粉（川砂）	＊	kg	0.06	900	54	註 4
4	固定繫件（連工帶料）： L 型 不 鏽 鋼 角 鐵（5cm×35cm×0.5cm） 金屬菱形網	＊	㎡	1	250	250	註 4
5	冷瀝青（連工帶料）	2	㎡	1	700	700	註 3
6	清水磚堆砌工資	＊	㎡	12	6×2	720	註 5
7	工地搬運工	＊	㎡	1	34	34	註 1
8	工料及工具耗損	＊	式	1×2	38	76	註 4
小計		每㎡單價計					3277 元

註 1：台北市政府 98 年度工程單價

註 3：闕河濱建築事務所（99 年營造廠詢價）

註 4：廖偉立建築事務所（99 年營造廠詢價）

註 5：九典建築事務所（99 年營造廠詢價）

十、B-BRK-2

B-BRK-2			
項次	工料項目	單位	單價（NT）
1	雙層清水磚＋防水與隔熱	㎡	3582
	總計	㎡	3582 元

雙層清水磚＋防水與隔熱							
項次	工料項目	厚度 mm	單位	數量	單價	複價	價格資料
1	1B 窯燒清水磚	120	塊	60×2	24	1440	註 5
2	抹縫料／水泥砂漿	＊	包	0.02	165	3	註 4
3	抹縫料／滑粉（川砂）	＊	kg	0.06	900	54	註 4
4	固定繫件（連工帶料）： L 型不鏽鋼角鐵 （5cm×35cm×0.5cm） 金屬菱形網	＊	㎡	1	250	250	註 4
5	冷瀝青（連工帶料）	2	㎡	1	700	700	註 3
6	清水磚技術工	＊	㎡	60×2	12	720	註 5
7	工地搬運工	＊	㎡	1	34	34	註 1
8	PS 發泡板	25	㎡	1	263	263	註 1
9	發泡板按裝工資	＊	㎡	1	10	42	註 1
10	工料及工具耗損	＊	式	1×2	38	76	註 4
小計		每㎡單價計					3582 元

註 1：台北市政府 98 年度工程單價

註 3：闕河濱建築事務所（99 年營造廠詢價）

註 4：廖偉立建築事務所（99 年營造廠詢價）

註 5：九典建築事務所（99 年營造廠詢價）

十一、B-CMU-1

B-CMU-1			
項次	工料項目	單位	單價（NT）
1	1B 清水磚	㎡	1451
2	CMU ＋防水	㎡	1893
3	內裝	㎡	335
	總計	㎡	3679 元

1B 清水磚							
項次	工料項目	厚度 mm	單位	數量	單價	複價	價格資料
1	1B 窯燒清水磚	120	塊	60	12	720	註 5
2	抹縫料／水泥砂漿	＊	包	0.02	165	3	註 4
3	抹縫料／滑粉（川砂）	＊	kg	0.06	900	54	註 4
4	固定繫件（連工帶料）：L 型不鏽鋼角鐵（5cm×35cm×0.5cm）金屬菱形網	＊	㎡	1	250	250	註 4
5	工料及工具耗損	＊	式	1.00	30	30	註 4
6	清水磚堆砌工資	＊	㎡	60.00	6	360	註 5
7	工地搬運工	＊	㎡	1	34	34	註 1
小計		每㎡單價計					1451 元

CMU ＋防水							
項次	工料項目	厚度 mm	單位	數量	單價	複價	價格資料
1	混凝土空心磚	19	㎡	13.5	44	594	註 1
2	空心磚堆砌與搬運工資	＊	㎡	1	180	180	註 1
3	1：3 水泥砂漿	＊		0.05	1,300	65	註 1
4	鋼筋	＊	式	1	39	39	註 1
5	角鐵	＊	㎡	1	250	250	註 3
6	冷瀝青（連工帶料）	2	㎡	1	700	700	註 3
7	搬運及損耗	＊	㎡	1	5	5	註 1
8	工料及工具耗損	＊	式	1	60	60	註 1
小計		每㎡單價計					1893 元

內裝							
項次	工料項目	厚度 mm	單位	數量	單價	複價	價格資料
1	1:3 水泥砂漿	10	㎡	0.03	2717	82	註 1
2	牆面打底工資	＊	㎡	1	146	146	註 1
3	平光水性水泥漆（一底二度）	＊	㎡	1	78	78	註 1
4	油漆技術工	＊	㎡	0.03	800	24	註 2
5	工料及工具損耗	＊	式	1	5	5	註 1
小計		每㎡單價計					335 元

註 1：台北市政府 98 年度工程單價

註 2：99 年營建物價

註 3：闕河濱建築事務所（99 年營造廠詢價）

註 4：廖偉立建築事務所（99 年營造廠詢價）

註 5：九典建築事務所（99 年營造廠詢價）

十二、B-CMU-2

		B-CMU-2	
項次	工料項目	單位	單價（NT）
1	1B清水磚	m²	1451
2	CMU＋防水與隔熱	m²	2198
3	內裝	m²	335
	總計	m²	3984 元

1B 清水磚

項次	工料項目	厚度 mm	單位	數量	單價	複價	價格資料
1	1B 窯燒清水磚	120	塊	60	12	720	註 5
2	抹縫料／水泥砂漿	＊	包	0.02	165	3	註 4
3	抹縫料／滑粉（川砂）	＊	kg	0.06	900	54	註 4
4	固定繫件（連工帶料）： L 型 不 鏽 鋼 角 鐵（5cm×35cm×0.5cm） 金屬菱形網	＊	m²	1	250	250	註 4
5	工料及工具耗損	＊	式	1.00	30	30	註 4
6	清水磚堆砌工資	＊	m²	60.00	6	360	註 5
7	工地搬運工	＊	m²	1	34	34	註 1
	小計		每m²單價計				1451 元

CMU＋防水與隔熱

項次	工料項目	厚度 mm	單位	數量	單價	複價	價格資料
1	混凝土空心磚	19	m²	13.5	44	594	註 1
2	空心磚堆砌與搬運工資	＊	m²	1	180	180	註 1
3	1：3 水泥砂漿	＊		0.05	1,300	65	註 1
4	鋼筋	＊	式	1	39	39	註 1
5	角鐵	＊	m²	1	250	250	註 3
6	PS 發泡板	25	m²	1	263	263	註 1
7	發泡板按裝工資	＊	m²	1	10	42	註 1
8	冷瀝青（連工帶料）	2	m²	1	700	700	註 3
9	搬運及損耗	＊	m²	1	5	5	註 1
10	工料及工具耗損	＊	式	1	60	60	註 1
	小計		每m²單價計				2198 元

內裝

項次	工料項目	厚度 mm	單位	數量	單價	複價	價格資料
1	1:3 水泥砂漿	10	m²	0.03	2717	82	註 1
2	牆面打底工資	＊	m²	1	146	146	註 1
3	平光水性水泥漆（一底二度）	＊	m²	1	78	78	註 1
4	油漆技術工	＊	m²	0.03	800	24	註 2
5	工料及工具損耗	＊	式	1	5	5	註 1
	小計		每m²單價計				335 元

註 1：台北市政府 98 年度工程單價

註 2：99 年營建物價

註 3：闕河濱建築事務所（99 年營造廠詢價）

註 4：廖偉立建築事務所（99 年營造廠詢價）

註 5：九典建築事務所（99 年營造廠詢價）

十三、AL-CMU-1

AL-CMU-1			
項次	工料項目	單位	單價（NT）
1	鋁板	㎡	3919
2	CMU＋防水	㎡	1893
3	內裝	㎡	335
	總計	㎡	6147 元

鋁板							
項次	工料項目	厚度 mm	單位	數量	單價	複價	價格資料
1	1100 H14 3.0t 鋁板	＊	kg	9.6	158	1517	註 3
2	面板背襯／鋁擠型	＊	kg	7	166	1162	註 3
3	不鏽鋼六角螺栓、螺帽、墊片組	＊	式	1	131	131	註 3
4	無油污防水矽膠	＊	㎡	2.4	175	420	註 3
5	工地安裝工資	＊	㎡	1	569	569	註 3
6	工料及工具損耗	＊	式	1	120	120	註 3
	小計			每㎡單價計			3919 元

CMU＋防水							
項次	工料項目	厚度 mm	單位	數量	單價	複價	價格資料
1	混凝土空心磚	19	㎡	13.5	44	594	註 1
2	空心磚堆砌與搬運工資	＊	㎡	1	180	180	註 1
3	1：3 水泥砂漿	＊		0.05	1,300	65	註 1
4	鋼筋	＊	式	1	39	39	註 1
5	角鐵	＊	㎡	1	250	250	註 3
6	冷瀝青（連工帶料）	2	㎡	1	700	700	註 3
7	搬運及損耗	＊	㎡	1	5	5	註 1
8	工料及工具耗損	＊	式	1	60	60	註 1
	小計			每㎡單價計			1893 元

內裝							
項次	工料項目	厚度 mm	單位	數量	單價	複價	價格資料
1	1:3 水泥砂漿	10	㎡	0.03	2717	82	註 1
2	牆面打底工資	＊	㎡	1	146	146	註 1
3	平光水性水泥漆（一底二度）	＊	㎡	1	78	78	註 1
4	油漆技術工	＊	㎡	0.03	800	24	註 2
5	工料及工具損耗	＊	式	1	5	5	註 1
	小計			每㎡單價計			335 元

註 1：台北市政府 98 年度工程單價

註 2：99 年營建物價

註 3：闕河濱建築事務所（99 年營造廠詢價）

十四、AL-CMU-2

AL-CMU-2			
項次	工料項目	單位	單價（NT）
1	鋁板	㎡	3919
2	CMU＋防水與隔熱	㎡	2198
3	內裝	㎡	335
	總計	㎡	6452 元

鋁板						
項次	工料項目	厚度 mm	單位	數量	單價	複價	價格資料
1	1100 H14 3.0t 鋁板	＊	kg	9.6	158	1517	註 3
2	面板背襯／鋁擠型	＊	kg	7	166	1162	註 3
3	不鏽鋼六角螺栓、螺帽、墊片組	＊	式	1	131	131	註 3
4	無油污防水矽膠	＊	㎡	2.4	175	420	註 3
5	工地安裝工資	＊	㎡	1	569	569	註 3
6	工料及工具損耗	＊	式	1	120	120	註 3
小計			每㎡單價計				3919 元

CMU＋防水與隔熱						
項次	工料項目	厚度 mm	單位	數量	單價	複價	價格資料
1	混凝土空心磚	19	㎡	13.5	44	594	註 1
2	空心磚堆砌與搬運工資	＊	㎡	1	180	180	註 1
3	1：3 水泥砂漿	＊		0.05	1,300	65	註 1
4	鋼筋	＊	式	1	39	39	註 1
5	角鐵	＊	㎡	1	250	250	註 3
6	PS 發泡板	25	㎡	1	263	263	註 1
7	發泡板按裝工資	＊	㎡	1	10	42	註 1
8	冷瀝青（連工帶料）	2	㎡	1	700	700	註 3
9	搬運及損耗	＊	㎡	1	5	5	註 1
10	工料及工具耗損	＊	式	1	60	60	註 1
小計			每㎡單價計				2198 元

內裝						
項次	工料項目	厚度 mm	單位	數量	單價	複價	價格資料
1	1:3 水泥砂漿	10	㎡	0.03	2717	82	註 1
2	牆面打底工資	＊	㎡	1	146	146	註 1
3	平光水性水泥漆（一底二度）	＊	㎡	1	78	78	註 1
4	油漆技術工	＊	㎡	0.03	800	24	註 2
5	工料及工具損耗	＊	式	1	5	5	註 1
小計			每㎡單價計				335 元

註 1：台北市政府 98 年度工程單價

註 2：99 年營建物價

註 3：闕河濱建築事務所（99 年營造廠詢價）

十五、WD-CMU-1

項次	工料項目	單位	單價（NT）
	WD-CMU-1		
1	雨淋板	㎡	2300
2	CMU＋防水	㎡	1893
3	內裝	㎡	335
	總計	㎡	4528 元

雨淋板

項次	工料項目	厚度 mm	單位	數量	單價	複價	價格資料
1	碳化木雨淋板（含實木收邊）	18	㎡	1	900	900	註 5
2	角料／南方松 ACQ	＊	㎡	1	100	100	註 5
3	護木油工料（一底二度）抗指外線	＊	式	1	350	350	註 5
4	雨淋板安裝工資	＊	式	1	900	900	註 5
5	五金另料及損耗	＊	式	1	50	50	註 5
	小計			每㎡單價計			2300 元

CMU＋防水

項次	工料項目	厚度 mm	單位	數量	單價	複價	價格資料
1	混凝土空心磚	19	㎡	13.5	44	594	註 1
2	空心磚堆砌與搬運工資	＊	㎡	1	180	180	註 1
3	1：3 水泥砂漿	＊		0.05	1,300	65	註 1
4	鋼筋	＊	式	1	39	39	註 1
5	角鐵	＊	㎡	1	250	250	註 3
6	冷瀝青（連工帶料）	2	㎡	1	700	700	註 3
7	搬運及損耗	＊	㎡	1	5	5	註 1
8	工料及工具耗損	＊	式	1	60	60	註 1
	小計			每㎡單價計			1893 元

內裝

項次	工料項目	厚度 mm	單位	數量	單價	複價	價格資料
1	1:3 水泥砂漿	10	㎡	0.03	2717	82	註 1
2	牆面打底工資	＊	㎡	1	146	146	註 1
3	平光水性水泥漆（一底二度）	＊	㎡	1	78	78	註 1
4	油漆技術工	＊	㎡	0.03	800	24	註 2
5	工料及工具損耗	＊	式	1	5	5	註 1
	小計			每㎡單價計			335 元

註 1：台北市政府 98 年度工程單價

註 2：99 年營建物價

註 3：關河濱建築事務所（99 年營造廠詢價）

註 5：九典建築事務所（99 年營造廠詢價）

十六、WD-CMU-2

項次	工料項目	單位	單價（NT）
1	雨淋板	㎡	2300
2	CMU ＋防水與隔熱	㎡	2198
3	內裝	㎡	335
	總計	㎡	4833 元

雨淋板

項次	工料項目	厚度 mm	單位	數量	單價	複價	價格資料
1	碳化木雨淋板（含實木收邊）	18	㎡	1	900	900	註 5
2	角料／南方松 ACQ	＊	㎡	1	100	100	註 5
3	護木油工料（一底二度）抗指外線	＊	式	1	350	350	註 5
4	雨淋板安裝工資	＊	式	1	900	900	註 5
5	五金另料及損耗	＊	式	1	50	50	註 5
	小計		每㎡單價計				2300 元

CMU ＋防水與隔熱

項次	工料項目	厚度 mm	單位	數量	單價	複價	價格資料
1	混凝土空心磚	19	㎡	13.5	44	594	註 1
2	空心磚堆砌與搬運工資	＊	㎡	1	180	180	註 1
3	1：3 水泥砂漿	＊		0.05	1,300	65	註 1
4	鋼筋	＊	式	1	39	39	註 1
5	角鐵	＊	㎡	1	250	250	註 3
6	PS 發泡板	25	㎡	1	263	263	註 1
7	發泡板按裝工資	＊	㎡	1	10	42	註 1
8	冷瀝青（連工帶料）	2	㎡	1	700	700	註 3
9	搬運及損耗	＊	㎡	1	5	5	註 1
10	工料及工具耗損	＊	式	1	60	60	註 1
	小計		每㎡單價計				2198 元

內裝

項次	工料項目	厚度 mm	單位	數量	單價	複價	價格資料
1	1:3 水泥砂漿	10	㎡	0.03	2717	82	註 1
2	牆面打底工資	＊	㎡	1	146	146	註 1
3	平光水性水泥漆（一底二度）	＊	㎡	1	78	78	註 1
4	油漆技術工	＊	㎡	0.03	800	24	註 2
5	工料及工具損耗	＊	式	1	5	5	註 1
	小計		每㎡單價計				335 元

註 1：台北市政府 98 年度工程單價

註 2：99 年營建物價

註 3：闕河濱建築事務所（99 年營造廠詢價）

註 5：九典建築事務所（99 年營造廠詢價）

十七、B-MTL-2

B-MTL-2			
項次	工料項目	單位	單價（NT）
1	1B 清水磚	㎡	1451
2	輕隔間＋防水與隔熱	㎡	1696
3	內裝	㎡	146
	總計	㎡	3293 元

1B 清水磚							
項次	工料項目	厚度 mm	單位	數量	單價	複價	價格資料
1	1B 窯燒清水磚	120	塊	60	12	720	註 5
2	抹縫料／水泥砂漿	＊	包	0.02	165	3	註 4
3	抹縫料／滑粉（川砂）	＊	kg	0.06	900	54	註 4
4	固定繫件（連工帶料）： L 型不鏽鋼角鐵（5cm×35cm×0.5cm） 金屬菱形網	＊	㎡	1	250	250	註 4
5	工料及工具耗損	＊	式	1.00	30	30	註 4
6	清水磚堆砌工資	＊	㎡	60.00	6	360	註 5
7	工地搬運工	＊	㎡	1	34	34	註 1
小計			每㎡單價計				1451 元

輕隔間＋防水與隔熱							
項次	工料項目	厚度 mm	單位	數量	單價	複價	價格資料
1	木絲水泥板	12	㎡	1	350	350	註 1
2	鋁壓條	＊	㎡	1	15	15	註 1
3	骨架系統／鍍鋅 C 型鋼	150	kg	12	50	600	註 1
4	C 型鋼安裝施工費	＊	㎡	1	150	150	註 1
5	隔熱層／岩棉（密度 60K）	150	㎡	1	120	120	註 1
6	橡化瀝青防水膜	2	㎡	1	292	292	註 1
7	瀝青底油 0.3kg／㎡	＊	㎡	1	29	29	註 1
8	不硬化型瀝青膠泥 2.0kg／㎡	＊	㎡	1	44	44	註 1
9	橡化瀝青防水膜工資	＊	工	0.06	700	42	註 1
10	工料及工具損耗	＊	式	1	54	54	註 1
小計			每㎡單價計				1696 元

內裝							
項次	工料項目	厚度 mm	單位	數量	單價	複價	價格資料
1	接縫補土	＊	㎡	1	14	14	註 3
2	平光水性水泥漆（一底二度）	＊	㎡	1	78	78	註 3
3	批土及油漆工資	＊	式	1	49	49	註 3
4	工料及工具損耗	＊	式	1	5	5	註 3
小計			每㎡單價計				146 元

註 1：台北市政府 98 年度工程單價

註 3：闕河濱建築事務所（99 年營造廠詢價）

註 4：廖偉立建築事務所（99 年營造廠詢價）

註 5：九典建築事務所（99 年營造廠詢價）

十八、AL-MTL-2

項次	工料項目	單位	單價（NT）
1	鋁板	㎡	3919
2	輕隔間＋防水與隔熱	㎡	1696
3	內裝	㎡	146
	總計	㎡	5761 元

鋁板

項次	工料項目	厚度 mm	單位	數量	單價	複價	價格資料
1	1100 H14 3.0t 鋁板	＊	kg	9.6	158	1517	註3
2	面板背襯／鋁擠型	＊	kg	7	166	1162	註3
3	不鏽鋼六角螺栓、螺帽、墊片組	＊	式	1	131	131	註3
4	無油污防水矽膠	＊	㎡	2.4	175	420	註3
5	工地安裝工資	＊	㎡	1	569	569	註3
6	工料及工具損耗	＊	式	1	120	120	註3
小計			每㎡單價計				3919 元

輕隔間＋防水與隔熱

項次	工料項目	厚度 mm	單位	數量	單價	複價	價格資料
1	木絲水泥板	12	㎡	1	350	350	註1
2	鋁壓條	＊	㎡	1	15	15	註1
3	骨架系統／鍍鋅C型鋼	150	kg	12	50	600	註1
4	C型鋼安裝施工費	＊	㎡	1	150	150	註1
5	隔熱層／岩棉（密度60K）	150	㎡	1	120	120	註1
6	橡化瀝青防水膜	2	㎡	1	292	292	註1
7	瀝青底油 0.3kg／㎡	＊	㎡	1	29	29	註1
8	不硬化型瀝青膠泥 2.0kg/㎡	＊	㎡	1	44	44	註1
9	橡化瀝青防水膜工資	＊	工	0.06	700	42	註1
10	工料及工具損耗	＊	式	1	54	54	註1
小計			每㎡單價計				1696 元

內裝

項次	工料項目	厚度 mm	單位	數量	單價	複價	價格資料
1	接縫補土	＊	㎡	1	14	14	註3
2	平光水性水泥漆（一底二度）	＊	㎡	1	78	78	註1
3	批土及油漆工資	＊	式	1	49	49	註3
4	工料及工具損耗	＊	式	1	5	5	註3
小計			每㎡單價計				146 元

註1：台北市政府 98 年度工程單價

註3：闕河濱建築事務所（99 年營造廠詢價）

十九、WD-MTL-2

WD-MTL-2			
項次	工料項目	單位	單價（NT）
1	雨淋板	㎡	2300
2	輕隔間＋防水與隔熱	㎡	1696
3	內裝	㎡	146
	總計	㎡	4142 元

雨淋板						
項次	工料項目	厚度 mm	單位	數量	單價	複價	價格資料
1	碳化木雨淋板（含實木收邊）	18	㎡	1	900	900	註 5
2	角料／南方松 ACQ	＊	㎡	1	100	100	註 5
3	護木油工料（一底二度）抗指外線	＊	式	1	350	350	註 5
4	雨淋板安裝工資	＊	式	1	900	900	註 5
5	五金另料及損耗	＊	式	1	50	50	註 5
	小計		每㎡單價計				2300 元

輕隔間＋防水與隔熱						
項次	工料項目	厚度 mm	單位	數量	單價	複價	價格資料
1	木絲水泥板	12	㎡	1	350	350	註 1
2	鋁壓條	＊	㎡	1	15	15	註 1
3	骨架系統／鍍鋅 C 型鋼	150	kg	12	50	600	註 1
4	C 型鋼安裝施工費	＊	㎡	1	150	150	註 1
5	隔熱層／岩棉（密度 60K）	150	㎡	1	120	120	註 1
6	橡化瀝青防水膜	2	㎡	1	292	292	註 1
7	瀝青底油 0.3kg／㎡	＊	㎡	1	29	29	註 1
8	不硬化型瀝青膠泥 2.0kg/㎡	＊	㎡	1	44	44	註 1
9	橡化瀝青防水膜工資	＊	工	0.06	700	42	註 1
10	工料及工具損耗	＊	式	1	54	54	註 1
	小計		每㎡單價計				1696 元

內裝						
項次	工料項目	厚度 mm	單位	數量	單價	複價	價格資料
1	接縫補土	＊	㎡	1	14	14	註 3
2	平光水性水泥漆（一底二度）	＊	㎡	1	78	78	註 1
3	批土及油漆工資	＊	式	1	49	49	註 3
4	工料及工具損耗	＊	式	1	5	5	註 3
	小計		每㎡單價計				146 元

註 1：台北市政府 98 年度工程單價

註 3：闕河濱建築事務所（99 年營造廠詢價）

註 5：九典建築事務所（99 年營造廠詢價）

第二節　裝飾磚造與複層外牆系統能耗之比較

　　「一般而言，建築物之外殼、外氣量、室內熱等三項因子，約各佔空調熱負荷量之的三分之一，其中只有外殼因子與建築外型設計有關，因此對於建築設計者而言，以建築外殼熱耗能因子來掌握建築外型設計是最重要的。」（P.216 熱溼氣候的綠色建築、林憲德、詹氏、台北、2003）本研究的能耗評估以外氣量、室內熱作為固定參數，外牆系統材質做為可變參數，試圖了解不同材質組成的複層外牆對室內空調能耗的影響。

一、 評估軟體

　　此次的外牆系統評估採用軟體為 Autodesk Ecotect Analysis 2010，改變外牆之材質參數，比較不同外牆系統對室內熱環境之影響。

・Autodesk Ecotect Analysis 2010

　　因複層外牆系統中含有空氣層，而 Autodesk Ecotect Analysis 2010 對於有空氣層的複合外牆，經常計算出不準確的准入係數（Admittance）、熱衰減（Thermal Decrement）、以及時滯時間（Thermal Lag），因而採用 ecoMat v1.0（針對 Autodesk Ecotect Analysis 所設計）係數計算軟體計算以上係數。

・EcoMat v1.0

二、操作步驟

1. 在 Autodesk Ecotect Analysis 2010 設定經緯度位置，以台北為基地位置

2. 導入台北氣象資料

3. 設定欲測試之 Zone 的空調參數（General Setting & Thermal Properties）

4. 設定固定材質參數（屋頂樓板、內隔間牆、樓板、窗戶）

5. 設定可變材質參數（不同外牆系統）

6. 使軟體計算耗能並比較數據

三、評估軟體熱環境參數設定

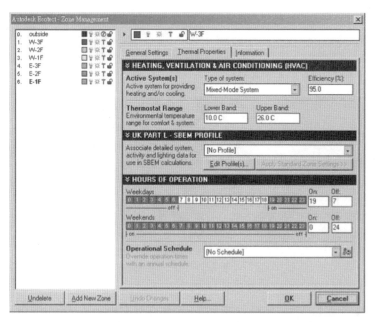

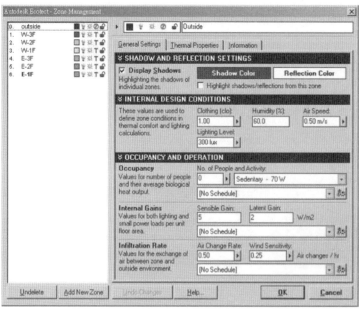

四、 評估用建築模型參數設定

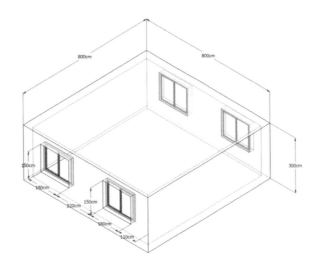

- 基本單元大小：800 cm × 800 cm × 300 cm

- 南向、北向各開兩扇窗，大小：180 cm × 150 cm

- 東向、西向不開窗

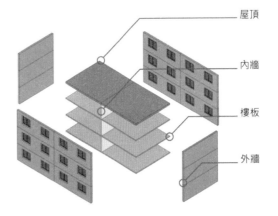

- 基地周邊無其他建築物
- 建築物坐南朝北

- 屋頂、內牆、樓板為固定材質
- 外牆為可變材質

五、 固定材質參數設定

- 屋頂
  roof

	U-Value (W/m2.K):	0.150
	Admittance (W/m2.K):	6.680
	Solar Absorption (0-1):	0.9
	Visible Transmittance (0-1):	0
	Thermal Decrement (0-1):	0.21
	Thermal Lag (hrs):	10.18
	[SBEM] CM 1:	0
	[SBEM] CM 2:	0
	Thickness (mm):	316.0
	Weight (kg):	608.500

	Layer Name	Width	Density	Sp.Heat	Conduct.	Type
1.	Bitumen / Felt Layers	6.0	1700.0	1000.000	0.500	95
2	Dense, Reinforced	100.0	2300.0	840.000	1.900	35
3.	Polystyrene Foam (High Der	50.0	46.0	1130.000	0.008	45
4.	Dense, Reinforced	150.0	2300.0	840.000	1.900	35
5.	Cement Screed	10.0	2100.0	650.000	1.400	35

- 內牆
  interior wall

	U-Value (W/m2.K):	4.040
	Admittance (W/m2.K):	5.880
	Solar Absorption (0-1):	0.428
	Visible Transmittance (0-1):	0
	Thermal Decrement (0-1):	0.7
	Thermal Lag (hrs):	3.99
	[SBEM] CM 1:	0
	[SBEM] CM 2:	0
	Thickness (mm):	170.0
	Weight (kg):	387.000

	Layer Name	Width	Density	Sp.Heat	Conduct.	Type
1.	Cement Screed	10.0	2100.0	650.000	1.400	35
2.	Dense, Reinforced	150.0	2300.0	840.000	1.900	35
3.	Cement Screed	10.0	2100.0	650.000	1.400	35

- 樓板
  floor

	U-Value (W/m2.K):	4.040
	Admittance (W/m2.K):	5.880
	Solar Absorption (0-1):	0.326
	Visible Transmittance (0-1):	0
	Thermal Decrement (0-1):	0.7
	Thermal Lag (hrs):	3.99
	[SBEM] CM 1:	0
	[SBEM] CM 2:	0
	Thickness (mm):	170.0
	Weight (kg):	387.000

	Layer Name	Width	Density	Sp.Heat	Conduct.	Type
1.	Cement Screed	10.0	2100.0	650.000	1.400	35
2.	Dense, Reinforced	150.0	2300.0	840.000	1.900	35
3.	Cement Screed	10.0	2100.0	650.000	1.400	35

- 窗戶
  window

	U-Value (W/m2.K):	6.260
	Admittance (W/m2.K):	6.260
	Solar Heat Gain Coeff. (0-1):	0.56
	Visible Transmittance (0-1):	0.725
	Refractive Index of Glass:	1.74
	Alt Solar Gain (Heavywt):	0.24
	Alt Solar Gain (Lightwt):	0.28
	Thickness (mm):	0.0
	Weight (kg):	0.000

	Layer Name	Width	Density	Sp.Heat	Conduct.	Type
1.	Glass Standard	6.0	2300.0	836.800	1.046	75

六、外牆系統測試與分析

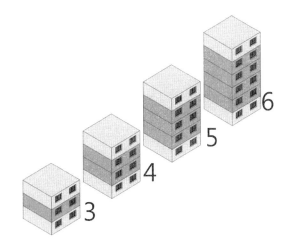

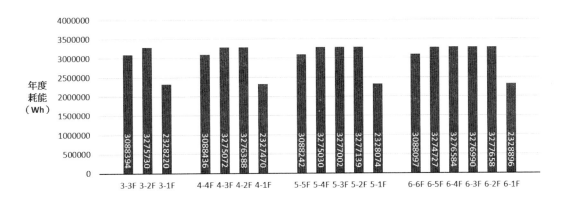

（一）測試一

1. 目的：

了解建築單元之樓層高度與耗能關係

2. 方法：

以 T- RC- 1 外牆系統作耗能測試，以 3 層樓、4 層樓、5 層樓、6 層樓四種建築模型作不同樓層耗能評估，了解不同樓層高度與建築單元耗能（全年度總和）關係。

3. 小結：

除頂樓層與地面層外，其他樓層建築單元耗能相距微小（不到 0.1%），故可以三層樓建築模型為高樓層建築之代表，並取樣其二樓建築單元之耗能，當作除頂層與地面層外的一般建築單元耗能表現，以下測試以三層樓高為測試模型。

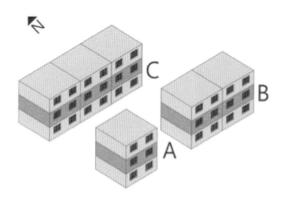

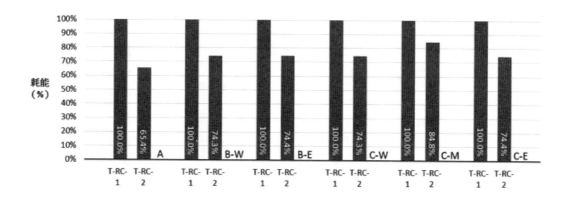

（二）測試二

1. 目的：

了解建築單元在建築中的水平位置與耗能的關係

2. 方法：

利用 A（無鄰房單元）、B-W（雙拼西側單元）、B-E（雙拼東側單元）
C-W（連棟西側單元）、C-M（連棟居中單元）、C-E（連棟東側單元）五種建築模型，
並以 T-RC-1（無 PS 板）、T-RC-2（有 PS 板）兩種外牆系統作耗能測試。取樣處於不
同大樓中相同樓層、不同水平位置之建築單元，比較外牆對建築單元耗能影響。

3. 小結：

A 模型受外牆影響耗能最大（四面），C-M 單元受外牆影響耗能最小（三面），
B-W、B-E、C-W、C-E 單元耗能表現相當。
以下實驗以 B 型模型做測試，取樣 B-W 耗能（ B-W 單元與 B-E 單元，差異極小。）

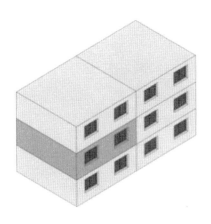

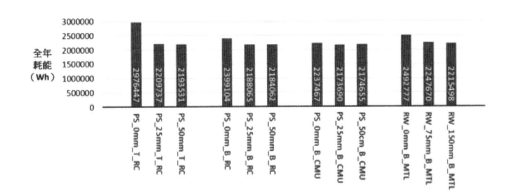

（三）測試三

1. 目的：

了解隔熱材厚度對建築單元耗能關係

2. 方法：

利用 T- RC，B- RC，B- CMU，B- MTL 四種外牆系統
加入不同厚度隔熱材（25mm、50mm 之 PS 板，75mm、150mm 之 rork wool），測試
隔熱材厚度對建築單元耗能影響，瞭解最經濟的隔熱材厚度。

3. 小結：

四種牆體加入隔熱材後，T- RC 外牆節省耗能最多（約 26%），表示 T- RC 建築最需要
作隔熱，B- CMU 外牆節省耗能最少（約 3%）。25mm PS 板與 50mm PS 板在節能表現
上相去不遠。MTL 系統使用隔熱材為岩棉，僅供作參考之用。
以下評估若有加入 PS 隔熱板者，以 25mm PS 隔熱板作測試。

七、評估用建築物設定

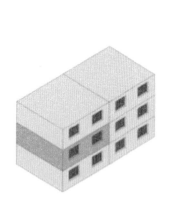
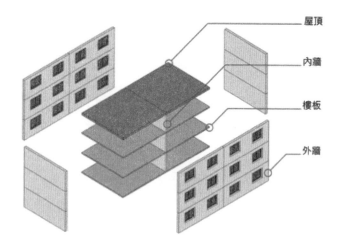

- 建築物為三層樓雙拼類型
- 計六基本建築單元
- 無其他空間
- 採樣西側 2F 建築單元的耗能

八、外牆系統參數設定及耗能比較

- T-RC-1

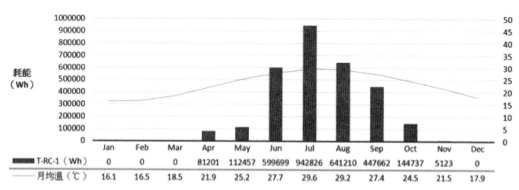

	Jan	Feb	Mar	Apr	May	Jun	Jul	Aug	Sep	Oct	Nov	Dec
T-RC-1（Wh）	0	0	0	81201	112457	599699	942826	641210	447662	144737	5123	0
月均溫（℃）	16.1	16.5	18.5	21.9	25.2	27.7	29.6	29.2	27.4	24.5	21.5	17.9

U-Value (W/m2.K):	3.870
Admittance (W/m2.K):	5.960
Solar Absorption (0-1):	0.428
Visible Transmittance (0-1):	0
Thermal Decrement (0-1):	0.66
Thermal Lag (hrs):	4.38
[SBEM] CM 1:	0
[SBEM] CM 2:	0
Thickness (mm):	185.0
Weight (kg):	417.500

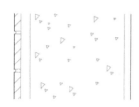

（1）為外牆系統評估之比較基準
（2）耗能最高
（3）建築單元年耗能：2975 KHw
（4）CP 值：0

	Layer Name	Width	Density	Sp.Heat	Conduct.	Type
1.	Clay Tile, Burnt	10.0	2000.0	840.000	1.300	25
2.	Cement Screed	15.0	2100.0	650.000	1.400	35
3.	Dense, Reinforced	150.0	2300.0	840.000	1.900	35
4.	Cement Screed	10.0	2100.0	650.000	1.400	35

- T-RC-2

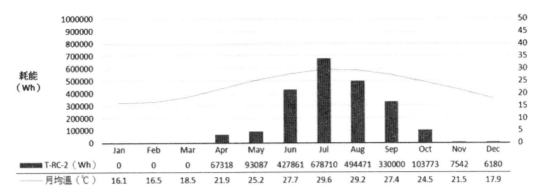

	Jan	Feb	Mar	Apr	May	Jun	Jul	Aug	Sep	Oct	Nov	Dec
T-RC-2（Wh）	0	0	0	67318	93087	427861	678710	494471	330000	103773	7542	6180
月均溫（℃）	16.1	16.5	18.5	21.9	25.2	27.7	29.6	29.2	27.4	24.5	21.5	17.9

U-Value (W/m2.K):	0.290
Admittance (W/m2.K):	0.600
Solar Absorption (0-1):	0.428
Visible Transmittance (0-1):	0
Thermal Decrement (0-1):	0.46
Thermal Lag (hrs):	5.8
[SBEM] CM 1:	0
[SBEM] CM 2:	0
Thickness (mm):	210.0
Weight (kg):	401.650

	Layer Name	Width	Density	Sp.Heat	Conduct.	Type
1.	Clay Tile, Burnt	10.0	2000.0	840.000	1.300	25
2.	Cement Screed	15.0	2100.0	650.000	1.400	35
3.	Dense, Reinforced	150.0	2300.0	840.000	1.900	35
4.	Polystyrene Foam (High Den	25.0	46.0	1130.000	0.008	45
5.	Cement Panels, Wood Fibre	12.0	400.0	1470.000	0.120	35

（1）節能排名：NO.8

（2）建築單元年耗能：2209 KHw

（3）CP 值：0.21（NO.6）

- B-RC-1

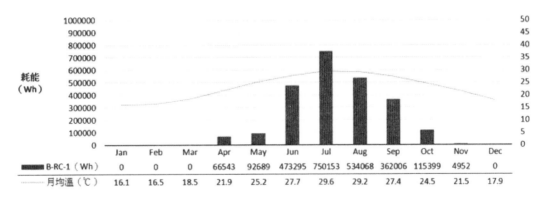

	Jan	Feb	Mar	Apr	May	Jun	Jul	Aug	Sep	Oct	Nov	Dec
B-RC-1（Wh）	0	0	0	66543	92689	473295	750153	534068	362006	115399	4952	0
月均溫（℃）	16.1	16.5	18.5	21.9	25.2	27.7	29.6	29.2	27.4	24.5	21.5	17.9

U-Value (W/m2.K):	2.150
Admittance (W/m2.K):	6.370
Solar Absorption (0-1):	0.428
Visible Transmittance (0-1):	0
Thermal Decrement (0-1):	0.36
Thermal Lag (hrs):	7.82
[SBEM] CM 1:	0
[SBEM] CM 2:	0
Thickness (mm):	322.0
Weight (kg):	550.965

	Layer Name	Width	Density	Sp.Heat	Conduct	Type
1.	Brick, Heavyweight	110.0	1650.0	840.000	0.810	25
2.	Air Gap	50.0	1.3	1004.000	11.630	5
3.	Bitumen / Felt Layers	2.0	1700.0	1000.000	0.500	95
4.	Dense, Reinforced	150.0	2300.0	840.000	1.900	35
5.	Cement Screed	10.0	2100.0	650.000	1.400	35

（1）節能排名：NO.15

（2）建築單元年耗能：2399 KHw

（3）CP 值：0.16（NO.12）

- B-RC-2

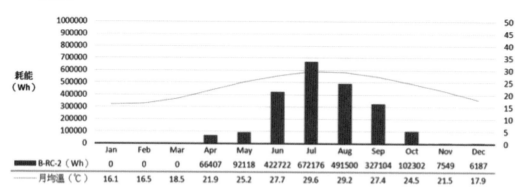

	Jan	Feb	Mar	Apr	May	Jun	Jul	Aug	Sep	Oct	Nov	Dec
B-RC-2（Wh）	0	0	0	66407	92118	422722	672176	491500	327104	102302	7549	6187
月均溫（℃）	16.1	16.5	18.5	21.9	25.2	27.7	29.6	29.2	27.4	24.5	21.5	17.9

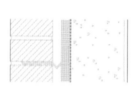

（1）節能排名：NO.4

（2）建築單元年耗能：2188 KHw

（3）CP 值：NO.0.20（NO.8）

- AL-RC-1

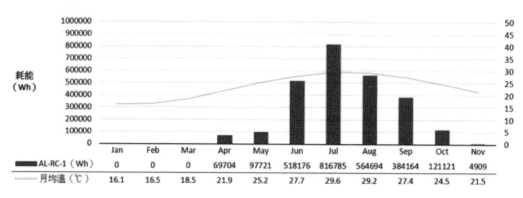

	Jan	Feb	Mar	Apr	May	Jun	Jul	Aug	Sep	Oct	Nov
AL-RC-1（Wh）	0	0	0	69704	97721	518176	816785	564694	384164	121121	4909
月均溫（℃）	16.1	16.5	18.5	21.9	25.2	27.7	29.6	29.2	27.4	24.5	21.5

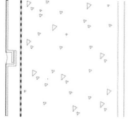

（1）節能排名：NO.18

（2）建築單元年耗能：2577 KHw

（3）CP 值：0.07（NO.18）

- AL-RC-2

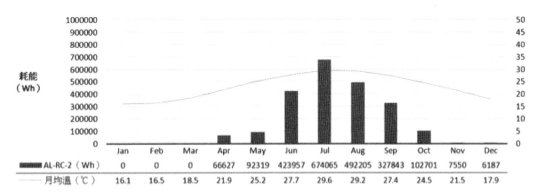

	Jan	Feb	Mar	Apr	May	Jun	Jul	Aug	Sep	Oct	Nov	Dec
AL-RC-2（Wh）	0	0	0	66627	92319	423957	674065	492205	327843	102701	7550	6187
月均溫（℃）	16.1	16.5	18.5	21.9	25.2	27.7	29.6	29.2	27.4	24.5	21.5	17.9

U-Value (W/m2.K):	0.290
Admittance (W/m2.K):	6.660
Solar Absorption (0-1):	0.234
Visible Transmittance (0-1):	0
Thermal Decrement (0-1):	0.31
Thermal Lag (hrs):	6.13
[SBEM] CM 1:	0
[SBEM] CM 2:	0
Thickness (mm):	209.0
Weight (kg):	375.976

（1）節能排名：NO.5

（2）建築單元年耗能：2193 KHw

（3）CP 值：0.13（NO.15）

	Layer Name	Width	Density	Sp.Heat	Conduct.	Type
1.	Aluminium	2.0	2700.0	880.000	210.000	65
2.	Air Gap	20.0	1.3	1004.000	11.630	5
3.	Polystyrene Foam (High D	25.0	46.0	1130.000	0.008	45
4.	Bitumen / Felt Layers	2.0	1700.0	1000.000	0.500	95
5.	Dense, Reinforced	150.0	2300.0	840.000	1.900	35
6.	Cement Screed	10.0	2100.0	650.000	1.400	35

- WD-RC-1

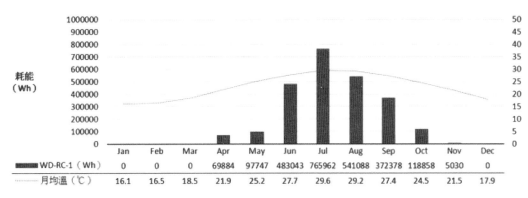

	Jan	Feb	Mar	Apr	May	Jun	Jul	Aug	Sep	Oct	Nov	Dec
WD-RC-1（Wh）	0	0	0	69884	97747	483043	765962	541088	372378	118858	5030	0
月均溫（℃）	16.1	16.5	18.5	21.9	25.2	27.7	29.6	29.2	27.4	24.5	21.5	17.9

U-Value (W/m2.K):	2.080
Admittance (W/m2.K):	6.420
Solar Absorption (0-1):	0.531
Visible Transmittance (0-1):	0
Thermal Decrement (0-1):	0.43
Thermal Lag (hrs):	5.57
[SBEM] CM 1:	0
[SBEM] CM 2:	0
Thickness (mm):	200.0
Weight (kg):	378.606

（1）節能排名：NO.16

（2）建築單元年耗能：2454 KHw

（3）CP 值：0.12（NO.17）

	Layer Name	Width	Density	Sp.Heat	Conduct.	Type
1.	Fir, Pine	18.0	510.0	1380.000	0.120	115
2.	Air Gap	20.0	1.3	1004.000	11.630	5
3.	Bitumen / Felt Layers	2.0	1700.0	1000.000	0.500	95
4.	Dense, Reinforced	150.0	2300.0	840.000	1.900	35
5.	Cement Screed	10.0	2100.0	650.000	1.400	35

- WD-RC-2

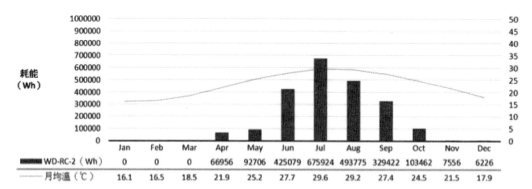

	Jan	Feb	Mar	Apr	May	Jun	Jul	Aug	Sep	Oct	Nov	Dec
WD-RC-2（Wh）	0	0	0	66956	92706	425079	675924	493775	329422	103462	7556	6226
月均溫（℃）	16.1	16.5	18.5	21.9	25.2	27.7	29.6	29.2	27.4	24.5	21.5	17.9

U-Value (W/m2.K):	0.280
Admittance (W/m2.K):	6.660
Solar Absorption (0-1):	0.531
Visible Transmittance (0-1):	0
Thermal Decrement (0-1):	0.31
Thermal Lag (hrs):	6.49
[SBEM] CM 1:	0
[SBEM] CM 2:	0
Thickness (mm):	225.0
Weight (kg):	379.756

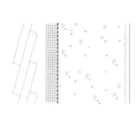

（1）節能排名：NO.6

（2）建築單元年耗能：2193 KHw

（3）CP 值：0.17（NO.10）

	Layer Name	Width	Density	Sp.Heat	Conduct.	Type
1.	Fir, Pine	18.0	510.0	1380.000	0.120	115
2.	Air Gap	20.0	1.3	1004.000	11.630	5
3.	Polystyrene Foam (High D	25.0	46.0	1130.000	0.008	45
4.	Bitumen / Felt Layers	2.0	1700.0	1000.000	0.500	95
5.	Dense, Reinforced	150.0	2300.0	840.000	1.900	35
6.	Cement Screed	10.0	2100.0	650.000	1.400	35

- B-BRK-1

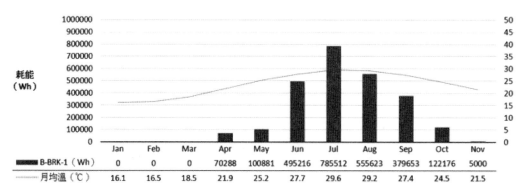

	Jan	Feb	Mar	Apr	May	Jun	Jul	Aug	Sep	Oct	Nov
B-BRK-1（Wh）	0	0	0	70288	100881	495216	785512	555623	379653	122176	5000
月均溫（℃）	16.1	16.5	18.5	21.9	25.2	27.7	29.6	29.2	27.4	24.5	21.5

U-Value (W/m2.K):	1.940
Admittance (W/m2.K):	4.910
Solar Absorption (0-1):	0.428
Visible Transmittance (0-1):	0
Thermal Decrement (0-1):	0.53
Thermal Lag (hrs):	6.68
[SBEM] CM 1:	0
[SBEM] CM 2:	0
Thickness (mm):	302.0
Weight (kg):	366.504

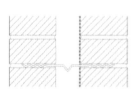

（1）節能排名：NO.17

（2）建築單元年耗能：2514 KHw

（3）CP 值：0.16（NO.11）

	Layer Name	Width	Density	Sp.Heat	Conduct.	Type
1.	Brick, Heavyweight	110.0	1650.0	840.000	0.810	25
2.	Air Gap	80.0	1.3	1004.000	11.630	5
3.	Bitumen / Felt Layers	2.0	1700.0	1000.000	0.500	95
4.	Brick, Heavyweight	110.0	1650.0	840.000	0.810	25

- B-BRK-2

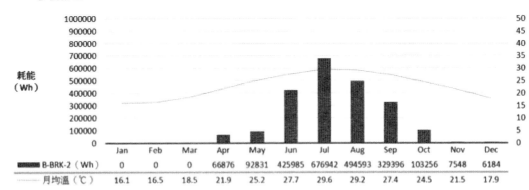

U-Value (W/m2.K):	0.280	
Admittance (W/m2.K):	5.420	
Solar Absorption (0-1):	0.428	
Visible Transmittance (0-1):	0	
Thermal Decrement (0-1):	0.35	
Thermal Lag (hrs):	8.78	
[SBEM] CM 1:	0	
[SBEM] CM 2:	0	
Thickness (mm):	302.0	
Weight (kg):	367.621	

（1）節能排名：NO.7

（2）建築單元年耗能：2204 KHw

（3）CP 值：0.25（NO.2）

	Layer Name	Width	Density	Sp.Heat	Conduct.	Type
1.	Brick, Heavyweight	110.0	1650.0	840.000	0.810	25
2.	Air Gap	55.0	1.3	1004.000	11.630	5
3.	Polystyrene Foam (High Der	25.0	46.0	1130.000	0.008	45
4.	Bitumen / Felt Layers	2.0	1700.0	1000.000	0.500	95
5.	Brick, Heavyweight	110.0	1650.0	840.000	0.810	25

- B-CMU-1

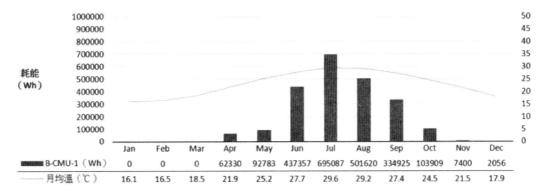

U-Value (W/m2.K):	1.050	
Admittance (W/m2.K):	3.830	
Solar Absorption (0-1):	0.428	
Visible Transmittance (0-1):	0	
Thermal Decrement (0-1):	0.28	
Thermal Lag (hrs):	10.84	
[SBEM] CM 1:	0	
[SBEM] CM 2:	0	
Thickness (mm):	382.0	
Weight (kg):	542.465	

（1）節能排名：NO.12

（2）建築單元年耗能：2237 KHw

（3）CP 值：0.23（NO.4）

	Layer Name	Width	Density	Sp.Heat	Conduct.	Type
1.	Brick, Heavyweight	110.0	1650.0	840.000	0.810	25
2.	Air Gap	50.0	1.3	1004.000	11.630	5
3.	Bitumen / Felt Layers	2.0	1700.0	1000.000	0.500	95
4.	Concrete Cinder	190.0	1600.0	656.900	0.335	35
5.	Cement Screed	10.0	2100.0	650.000	1.400	35

- B-CMU-2

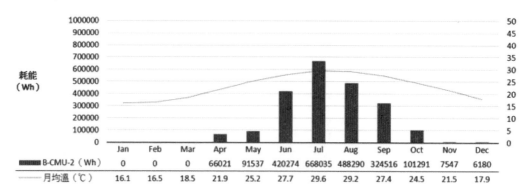

	Jan	Feb	Mar	Apr	May	Jun	Jul	Aug	Sep	Oct	Nov	Dec
B-CMU-2（Wh）	0	0	0	66021	91537	420274	668035	488290	324516	101291	7547	6180
月均溫（℃）	16.1	16.5	18.5	21.9	25.2	27.7	29.6	29.2	27.4	24.5	21.5	17.9

（1）節能排名：NO.1
（2）建築單元年耗能：2174 KHw
（3）CP 值：0.24（NO.3）

- AL-CMU-1

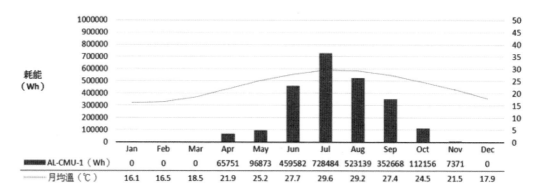

	Jan	Feb	Mar	Apr	May	Jun	Jul	Aug	Sep	Oct	Nov	Dec
AL-CMU-1（Wh）	0	0	0	65751	96873	459582	728484	523139	352668	112156	7371	0
月均溫（℃）	16.1	16.5	18.5	21.9	25.2	27.7	29.6	29.2	27.4	24.5	21.5	17.9

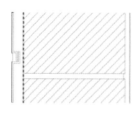

（1）節能排名：NO.14
（2）建築單元年耗能：2346 KHw
（3）CP 值：0.12（NO.16）

- AL-CMU-2

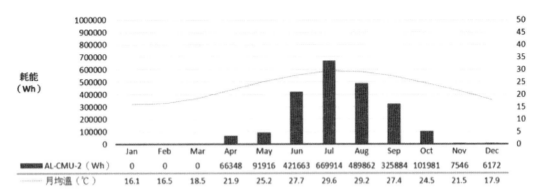

	Jan	Feb	Mar	Apr	May	Jun	Jul	Aug	Sep	Oct	Nov	Dec
AL-CMU-2（Wh）	0	0	0	66348	91916	421663	669914	489862	325884	101981	7546	6172
月均溫（℃）	16.1	16.5	18.5	21.9	25.2	27.7	29.6	29.2	27.4	24.5	21.5	17.9

U-Value [W/m2.K]:	0.260
Admittance [W/m2.K]:	3.830
Solar Absorption [0-1]:	0.428
Visible Transmittance [0-1]:	0
Thermal Decrement [0-1]:	0.19
Thermal Lag [hrs]:	9.4
[SBEM] CM 1:	0
[SBEM] CM 2:	0
Thickness [mm]:	249.0
Weight [kg]:	334.976

（1）節能排名：NO.3
（2）建築單元年耗能：2181 KHw
（3）CP 值：0.14（NO.14）

	Layer Name	Width	Density	Sp.Heat	Conduct.	Type
1.	Aluminium	2.0	2700.0	880.000	210.000	65
2.	Air Gap	20.0	1.3	1004.000	11.630	5
3.	Polystyrene Foam (High D	25.0	46.0	1130.000	0.008	45
4.	Bitumen / Felt Layers	2.0	1700.0	1000.000	0.500	95
5.	Concrete Cinder	190.0	1600.0	656.900	0.335	35
6.	Cement Screed	10.0	2100.0	650.000	1.400	35

- WD-CMU-1

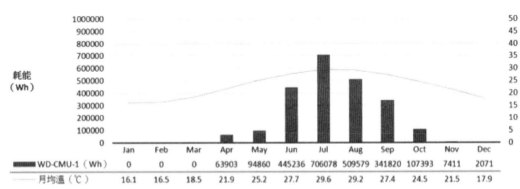

	Jan	Feb	Mar	Apr	May	Jun	Jul	Aug	Sep	Oct	Nov	Dec
WD-CMU-1（Wh）	0	0	0	63903	94860	445236	706078	509579	341820	107393	7411	2071
月均溫（℃）	16.1	16.5	18.5	21.9	25.2	27.7	29.6	29.2	27.4	24.5	21.5	17.9

U-Value [W/m2.K]:	1.030
Admittance [W/m2.K]:	3.850
Solar Absorption [0-1]:	0.428
Visible Transmittance [0-1]:	0
Thermal Decrement [0-1]:	0.37
Thermal Lag [hrs]:	8.32
[SBEM] CM 1:	0
[SBEM] CM 2:	0
Thickness [mm]:	240.0
Weight [kg]:	337.606

（1）節能排名：NO.13
（2）建築單元年耗能：2278 KHw
（3）CP 值：0.18（NO.9）

	Layer Name	Width	Density	Sp.Heat	Conduct.	Type
1.	Fir, Pine	18.0	510.0	1380.000	0.120	115
2.	Air Gap	20.0	1.3	1004.000	11.630	5
3.	Bitumen / Felt Layers	2.0	1700.0	1000.000	0.500	95
4.	Concrete Cinder	190.0	1600.0	656.900	0.335	35
5.	Cement Screed	10.0	2100.0	650.000	1.400	35

- WD-CMU-2

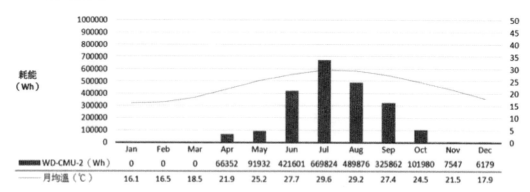

（1）節能排名：NO.2
（2）建築單元年耗能：2181 KHw
（3）CP 值：0.21（NO.5）

Layer Name	Width	Density	Sp.Heat	Conduct.	Type
1. Fir, Pine	18.0	510.0	1380.000	0.120	115
2. Air Gap	20.0	1.3	1004.000	11.630	5
3. Polystyrene Foam (High D	25.0	46.0	1130.000	0.008	45
4. Bitumen / Felt Layers	2.0	1700.0	1000.000	0.500	95
5. Concrete Cinder	190.0	1600.0	656.900	0.335	35
6. Cement Screed	10.0	2100.0	650.000	1.400	35

- B-MTL-2

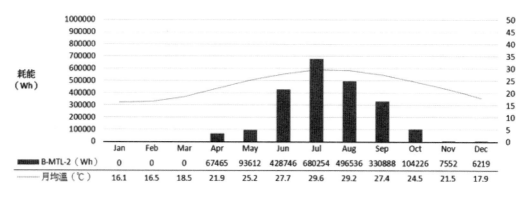

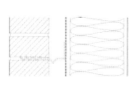

（1）節能排名：NO.8
（2）建築單元年耗能：2215 KHw
（3）CP 值：0.27（NO.1）

Layer Name	Width	Density	Sp.Heat	Conduct.	Type
1. Brick, Heavyweight	110.0	1650.0	840.000	0.810	25
2. Air Gap	50.0	1.3	1004.000	11.630	5
3. Bitumen / Felt Layers	2.0	2230.0	1000.000	0.730	95
4. Cement Panels, Wood Fi	12.0	400.0	1470.000	0.120	35
5. Rock Wool	150.0	60.0	710.000	0.034	45
6. Cement Panels, Wood Fi	12.0	400.0	1470.000	0.120	35

- AL-MTL-2

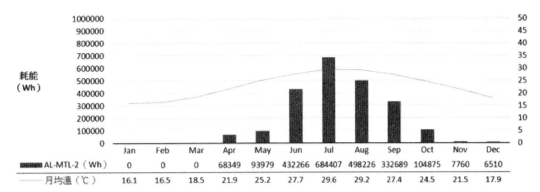

	Jan	Feb	Mar	Apr	May	Jun	Jul	Aug	Sep	Oct	Nov	Dec
AL-MTL-2（Wh）	0	0	0	68349	93979	432266	684407	498226	332689	104875	7760	6510
月均溫（℃）	16.1	16.5	18.5	21.9	25.2	27.7	29.6	29.2	27.4	24.5	21.5	17.9

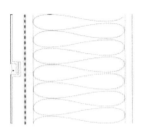

U-Value (W/m2.K):	0.210
Admittance (W/m2.K):	0.680
Solar Absorption (0-1):	0.428
Visible Transmittance (0-1):	0
Thermal Decrement (0-1):	0.95
Thermal Lag (hrs):	2.39
[SBEM] CM 1:	0
[SBEM] CM 2:	0
Thickness (mm):	198.0
Weight (kg):	28.486

（1）節能排名：NO.13

（2）建築單元年耗能：2278 KHw

（3）CP 值：0.18（NO.9）

	Layer Name	Width	Density	Sp.Heat	Conduct.	Type
1.	Aluminium	2.0	2700.0	880.000	210.000	65
2.	Air Gap	20.0	1.3	1004.000	11.630	5
3.	Bitumen / Felt Layers	2.0	2230.0	1000.000	0.730	95
4.	Cement Panels, Wood Fit	12.0	400.0	1470.000	0.120	35
5.	Rock Wool	150.0	60.0	710.000	0.034	45
6.	Cement Panels, Wood Fit	12.0	400.0	1470.000	0.120	35

- WD-MTL-2

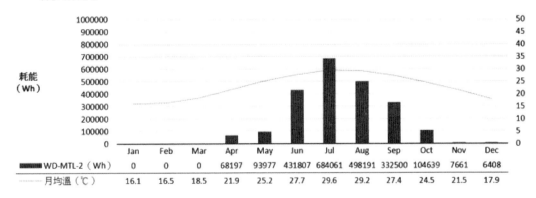

	Jan	Feb	Mar	Apr	May	Jun	Jul	Aug	Sep	Oct	Nov	Dec
WD-MTL-2（Wh）	0	0	0	68197	93977	431807	684061	498191	332500	104639	7661	6408
月均溫（℃）	16.1	16.5	18.5	21.9	25.2	27.7	29.6	29.2	27.4	24.5	21.5	17.9

U-Value (W/m2.K):	0.200
Admittance (W/m2.K):	0.680
Solar Absorption (0-1):	0.428
Visible Transmittance (0-1):	0
Thermal Decrement (0-1):	0.91
Thermal Lag (hrs):	3.21
[SBEM] CM 1:	0
[SBEM] CM 2:	0
Thickness (mm):	214.0
Weight (kg):	53.266

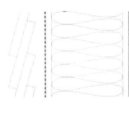

（1）節能排名：NO.10

（2）建築單元年耗能：2227 KHw

（3）CP 值：0.21（NO.7）

	Layer Name	Width	Density	Sp.Heat	Conduct.	Type
1.	Fir, Pine	18.0	510.0	1380.000	0.120	115
2.	Air Gap	20.0	1.3	1004.000	11.630	5
3.	Bitumen / Felt Layers	2.0	2230.0	1000.000	0.730	95
4.	Cement Panels, Wood Fit	12.0	400.0	1470.000	0.120	35
5.	Rock Wool	150.0	60.0	710.000	0.034	45
6.	Cement Panels, Wood Fit	12.0	400.0	1470.000	0.120	35

- T-RC-1 VS. T-RC-2

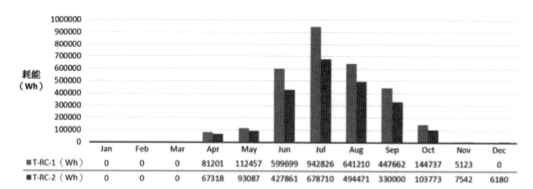

	Jan	Feb	Mar	Apr	May	Jun	Jul	Aug	Sep	Oct	Nov	Dec
■T-RC-1（Wh）	0	0	0	81201	112457	599699	942826	641210	447662	144737	5123	0
■T-RC-2（Wh）	0	0	0	67318	93087	427861	678710	494471	330000	103773	7542	6180

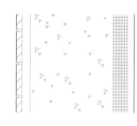

U-Value (W/m2.K):	3.870
Admittance (W/m2.K):	5.960
Solar Absorption (0-1):	0.428
Visible Transmittance (0-1):	0
Thermal Decrement (0-1):	0.66
Thermal Lag (hrs):	4.38
[SBEM] CM 1:	0
[SBEM] CM 2:	0
Thickness (mm):	185.0
Weight (kg):	417.500

U-Value (W/m2.K):	0.290
Admittance (W/m2.K):	0.600
Solar Absorption (0-1):	0.428
Visible Transmittance (0-1):	0
Thermal Decrement (0-1):	0.46
Thermal Lag (hrs):	5.8
[SBEM] CM 1:	0
[SBEM] CM 2:	0
Thickness (mm):	210.0
Weight (kg):	401.650

（1）T-RC-2 較 T-RC-1 節能：25.7 %

（2）節省建築單元年度電費：NTD 4719

（3）U 值下降 3.58

- B-RC-1 VS. B-RC-2

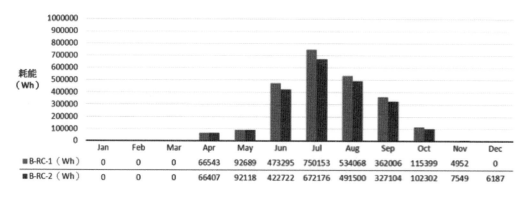

	Jan	Feb	Mar	Apr	May	Jun	Jul	Aug	Sep	Oct	Nov	Dec
■B-RC-1（Wh）	0	0	0	66543	92689	473295	750153	534068	362006	115399	4952	0
■B-RC-2（Wh）	0	0	0	66407	92118	422722	672176	491500	327104	102302	7549	6187

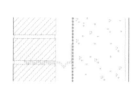 

U-Value (W/m2.K):	2.150
Admittance (W/m2.K):	6.370
Solar Absorption (0-1):	0.428
Visible Transmittance (0-1):	0
Thermal Decrement (0-1):	0.36
Thermal Lag (hrs):	7.82
[SBEM] CM 1:	0
[SBEM] CM 2:	0
Thickness (mm):	322.0
Weight (kg):	550.965

U-Value (W/m2.K):	0.280
Admittance (W/m2.K):	6.660
Solar Absorption (0-1):	0.428
Visible Transmittance (0-1):	0
Thermal Decrement (0-1):	0.22
Thermal Lag (hrs):	9.8
[SBEM] CM 1:	0
[SBEM] CM 2:	0
Thickness (mm):	322.0
Weight (kg):	552.082

（1）B-RC-1 較 B-RC-2 節能：8.8 %

（2）節省建築單元年度電費：NTD 1973

（3）U 值下降：1.87

- AL-RC-1 VS. AL-RC-2

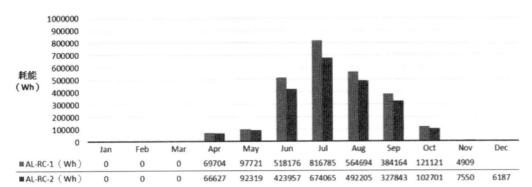

	Jan	Feb	Mar	Apr	May	Jun	Jul	Aug	Sep	Oct	Nov	Dec
■AL-RC-1（Wh）	0	0	0	69704	97721	518176	816785	564694	384164	121121	4909	
■AL-RC-2（Wh）	0	0	0	66627	92319	423957	674065	492205	327843	102701	7550	6187

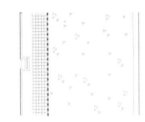

（1）AL-RC-1 較 AL-RC-2 節能：14.9 %

（2）節省建築單元年度電費：NTD 2973

（3）U 值下降：2.74

- WD-RC-1 VS. WD-RC-2

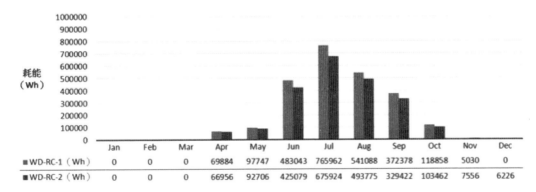

	Jan	Feb	Mar	Apr	May	Jun	Jul	Aug	Sep	Oct	Nov	Dec
■WD-RC-1（Wh）	0	0	0	69884	97747	483043	765962	541088	372378	118858	5030	0
■WD-RC-2（Wh）	0	0	0	66956	92706	425079	675924	493775	329422	103462	7556	6226

（1）WD-RC-1 較 WD-RC-2 節能：10.3 %

（2）節省建築單元年度電費：NTD 2146

（3）U 值下降：1.8

- B-BRK-1 VS. B-BRK-2

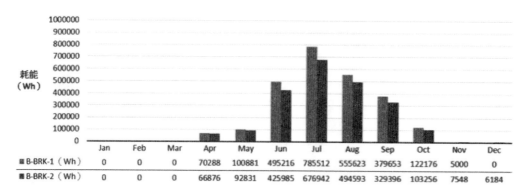

	Jan	Feb	Mar	Apr	May	Jun	Jul	Aug	Sep	Oct	Nov	Dec
■ B-BRK-1（Wh）	0	0	0	70288	100881	495216	785512	555623	379653	122176	5000	0
■ B-BRK-2（Wh）	0	0	0	66876	92831	425985	676942	494593	329396	103256	7548	6184

（1）B-BRK-1 較 B-BRK-2 節能：12.4 ％

（2）節省建築單元年度電費：NTD 2395

（3）U 值下降：1.66

- B-CMU-1 VS. B-CMU-2

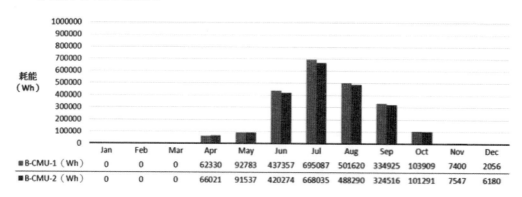

	Jan	Feb	Mar	Apr	May	Jun	Jul	Aug	Sep	Oct	Nov	Dec
■ B-CMU-1（Wh）	0	0	0	62330	92783	437357	695087	501620	334925	103909	7400	2056
■ B-CMU-2（Wh）	0	0	0	66021	91537	420274	668035	488290	324516	101291	7547	6180

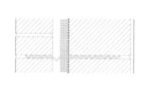

（1）B-CMU-1 較 B-CMU-2 節能：2.9 ％

（2）節省建築單元年度電費：NTD 844

（3）U 值下降：0.8

- AL-CMU-1 VS. AL-CMU-2

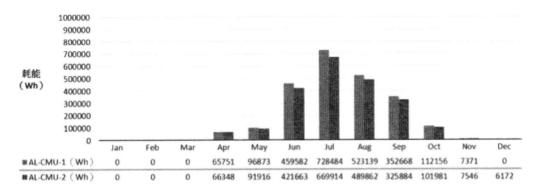

	Jan	Feb	Mar	Apr	May	Jun	Jul	Aug	Sep	Oct	Nov	Dec
■AL-CMU-1（Wh）	0	0	0	65751	96873	459582	728484	523139	352668	112156	7371	0
■AL-CMU-2（Wh）	0	0	0	66348	91916	421663	669914	489862	325884	101981	7546	6172

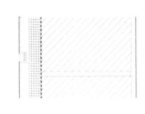

（1）AL-CMU-1 較 AL-CMU-2 節能：7.0 %

（2）節省建築單元年度電費：NTD 1749

（3）U 值下降：0.96

- WD-CMU-1 VS. WD-CMU-2

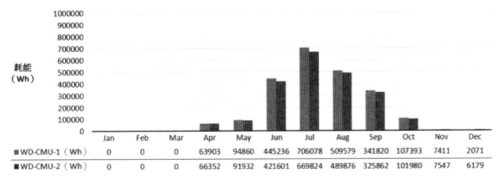

	Jan	Feb	Mar	Apr	May	Jun	Jul	Aug	Sep	Oct	Nov	Dec
■WD-CMU-1（Wh）	0	0	0	63903	94860	445236	706078	509579	341820	107393	7411	2071
■WD-CMU-2（Wh）	0	0	0	66352	91932	421601	669824	489876	325862	101980	7547	6179

（1）WD-CMU-1 較 WD-CMU-2 節能：4.3 %

（2）節省建築單元年度電費：NTD 1394

（3）U 值下降：0.78

107

- X-RC-X 以鋼筋混凝土為結構牆的外牆系統耗能比較

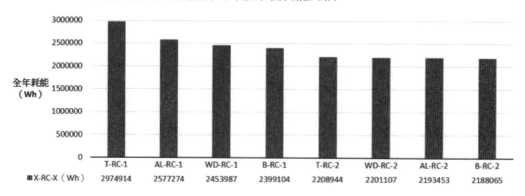

■X-RC-X（Wh）	T-RC-1	AL-RC-1	WD-RC-1	B-RC-1	T-RC-2	WD-RC-2	AL-RC-2	B-RC-2
	2974914	2577274	2453987	2399104	2208944	2201107	2193453	2188065

（1）加入隔熱材後節能效果顯著

（2）有加隔熱材的外牆系統節能差距不大

- X-CMU-X 以空心磚造為結構牆的外牆系統耗能比較

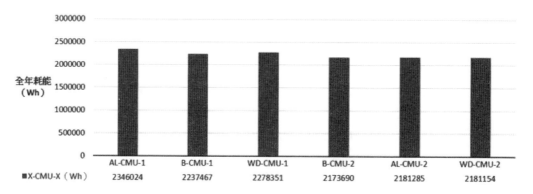

■X-CMU-X（Wh）	AL-CMU-1	B-CMU-1	WD-CMU-1	B-CMU-2	AL-CMU-2	WD-CMU-2
	2346024	2237467	2278351	2173690	2181285	2181154

（1）加入隔熱材與否對 CMU 磚造牆影響不大

- X-MTL-X 以輕量型鋼構為結構牆的外牆系統耗能比較

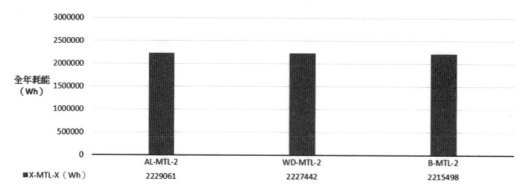

■X-MTL-X（Wh）	AL-MTL-2	WD-MTL-2	B-MTL-2
	2229061	2227442	2215498

（1）輕量型鋼構牆系統節能效果穩定（相差不到 1%），外掛飾材影響不大。

- B-X-X 以清水磚為裝飾牆的外牆系統耗能比較

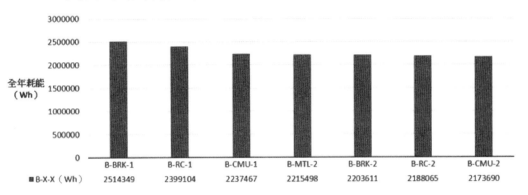

（1）清水磚外飾材下，節能效果：CMU 內牆 > RC 內牆 > BRK 內牆

（2）RC 內牆與 BRK 內牆未加隔熱材時，較為耗能。

- AL-X-X 以鋁板為裝飾牆的外牆系統耗能比較

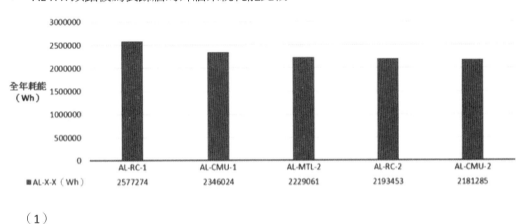

（1）

- WD-X-X 以木質雨淋板為裝飾牆的外牆系統耗能比較

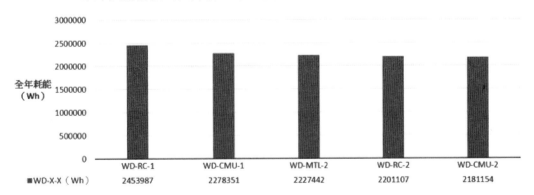

（1）木質雨淋板外飾材下，節能效果：CMU 內牆 > RC 內牆

第三節 綜合比較與結論

綜合以上之評估及分析結果，將其列表並綜合比較。期望提供設計時之選擇，在營造成本及節能效益取得平衡。以下先將各外牆系統單元造價及耗能製成表格，並將耗能轉換為電費，最後比較各外牆系統之 CP 值，以 T- RC- 1 外牆系統為比較基準。

一、綜合比較表

type	Tile面磚類		Brick清水磚類	
	T-RC-1	T-RC-2	B-RC-1	B-RC-2
材料厚度（mm）	10 外牆面磚（二丁掛） 15 1：2水泥砂漿 150 RC結構牆 10 1：3水泥砂漿粉光	10 外牆面磚（二丁掛） 15 1：2水泥砂漿 150 RC結構牆 25 PS發泡板 12 木絲水泥板	120 清水磚 50 空氣層 2 冷瀝青 150 RC結構牆 10 1：3水泥砂漿粉光	120 清水磚 25 空氣層 25 PS發泡板 2 冷瀝青 150 RC結構牆 10 1：3水泥砂漿粉
U 值（W/ ㎡k）	3.87	0.29	2.15	0.28
年度耗能（Wh）	2974914	2208944	2399104	2188065
耗能比較（%）	100%	74.25%	80.64%	73.55%
年度能源費用（元）	13089	8377	10271	8299
能源費用比較（%）	100.00%	64.00%	78.47%	63.40%
單位造價（元/㎡）	3480	4243	4270	4640
單位造價比較（%）	100%	121.93%	122.70%	133.33%
CP值	0.00000	0.21118	0.15775	0.19837

表 3-1 外牆效能造價一覽表 (1)

type	Brick清水磚類			
	B-MTL-2	B-CMU-1	B-CMU-2	B-BRK-1
材料厚（mm）	120 清水磚 50 空氣層 2 冷瀝青 12 木絲水泥板 150 岩棉（60K） 12 木絲水泥板	120 清水磚 50 空氣層 2 冷瀝青 200 空心磚 10 1：3水泥砂漿粉光	120 清水磚 25 空氣層 25 PS發泡板 2 冷瀝青 200 空心磚 10 1：3水泥砂漿粉光	120 清水磚 60 空氣層 2 冷瀝青 120 清水磚
U 值（W/ ㎡k）	0.2	1.05	0.25	1.94
年度耗能（Wh）	2215498	2237467	2173690	2514349
耗能比較（%）	74.47%	7521%	73.07%	84.52%
年度能源費用（元）	8400	9089	8245	10753
能源費用比較（%）	64.18%	69.44%	62.99%	82.15%
單位造價（元/㎡）	3293	3679	3984	3277
單位造價比較（%）	94.63%	105.72%	114.48%	94.17%
CP值	0.26977	0.23448	0.23526	0.16441

表 3-1 外牆效能造價一覽表 (2)

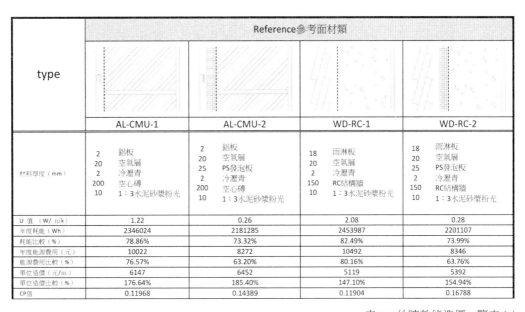

type	Brick清水磚類	Reference參考面材類		
	B-BRK-2	AL-RC-1	AL-RC-2	AL-MTL-2
材料厚度（mm）	120 清水磚 35 空氣層 25 PS發泡板 2 冷瀝青 120 清水磚	2 鋁板 20 空氣層 2 冷瀝青 150 RC結構牆 10 1：3水泥砂漿粉光	2 鋁板 20 空氣層 25 PS發泡板 2 冷瀝青 150 RC結構牆 10 1：3水泥砂漿粉光	2 鋁板 20 空氣層 2 冷瀝青 12 木絲水泥板 150 岩棉（60K） 12 木絲水泥板
U 值（W/ ㎡k）	0.28	3.03	0.29	0.21
年度耗能（Wh）	2203611	2577274	2193453	2229061
耗能比較（%）	74.07%	86.63%	73.73%	74.93%
年度能源費用（元）	8357	11292	8319	8794
能源費用比較（%）	63.85%	86.27%	63.56%	67.19%
單位造價（元/㎡）	3582	6738	7011	5761
單位造價比較（%）	102.93%	193.62%	201.47%	165.55%
CP值	0.25189	0.06903	0.13039	0.15145

表 3-1 外牆效能造價一覽表 (3)

type	Reference參考面材類			
	AL-CMU-1	AL-CMU-2	WD-RC-1	WD-RC-2
材料厚度（mm）	2 鋁板 20 空氣層 2 冷瀝青 200 空心磚 10 1：3水泥砂漿粉光	2 鋁板 20 空氣層 25 PS發泡板 2 冷瀝青 200 空心磚 10 1：3水泥砂漿粉光	18 雨淋板 20 空氣層 2 冷瀝青 150 RC結構牆 10 1：3水泥砂漿粉光	18 雨淋板 20 空氣層 25 PS發泡板 2 冷瀝青 150 RC結構牆 10 1：3水泥砂漿粉光
U 值（W/ ㎡k）	1.22	0.26	2.08	0.28
年度耗能（Wh）	2346024	2181285	2453987	2201107
耗能比較（%）	78.86%	73.32%	82.49%	73.99%
年度能源費用（元）	10022	8272	10492	8346
能源費用比較（%）	76.57%	63.20%	80.16%	63.76%
單位造價（元/㎡）	6147	6452	5119	5392
單位造價比較（%）	176.64%	185.40%	147.10%	154.94%
CP值	0.11968	0.14389	0.11904	0.16788

表 3-1 外牆效能造價一覽表 (4)

type	Reference參考面材類			
	R-WD-MTL-2	R-WD-CMU-1	R-WD-CMU-2	
材料厚度（mm）	18 雨淋板 20 空氣層 2 冷瀝青 12 木絲水泥板 150 岩棉（60K） 12 木絲水泥板	18 雨淋板 20 空氣層 2 冷瀝青 200 空心磚 10 1：3水泥砂漿粉光	18 雨淋板 20 空氣層 25 PS發泡板 2 冷瀝青 200 空心磚 10 1：3水泥砂漿粉光	
U 值（W/ ㎡k）	0.2	1.03	0.25	
年度耗能（Wh）	2227442	2278351	2181154	
耗能比較（%）	74.87%	76.59%	73.32%	
年度能源費用（元）	8788	9666	8272	
能源費用比較（%）	67.14%	73.85%	63.20%	
單位造價（元/㎡）	4142	4528	4388	
單位造價比較（%）	119.02%	130.11%	126.09%	
CP值	0.21110	0.17995	0.21161	

表 3-1 外牆效能造價一覽表 (5)

二、外牆系統耗能與電費之比較

　　耗能的計算數據來自上節 Autodesk Ecotect Analysis 2010 的分析數據，電費之計算則以民國 98 年之累計電費計算之。

一般住家用電，98/06/01 實施：

夏月 6/1 ～ 9/30　　　　　　　　　非夏月（夏月以外之時間）

110 KHw ↓ ：NTD 2.1 /KHw　　　　110 KHw ↓ ：NTD 2.1 /KHw
111-330 KHw：NTD 3.02 /KHw　　　111-330 KHw：NTD 2.68 /KHw
331-500 KHw：NTD 4.05 /KHw　　　331-500 KHw：NTD 3.27 /KHw
501-700 KHw：NTD 4.51 /KHw　　　501-700 KHw：NTD 3.55 /KHw
700 KHw ↑ ：NTD 5.1 /KHw　　　　700 KHw ↑ ：NTD 3.97 /KHw

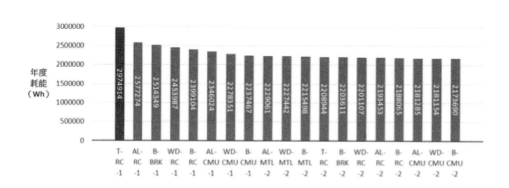

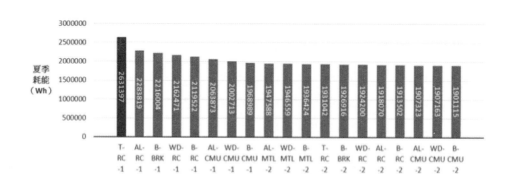

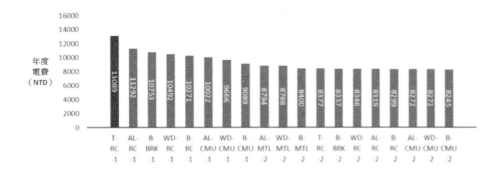

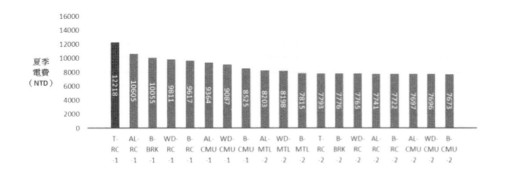

- 台灣地區冬暖夏熱，台北之平均氣溫在 23℃，約 88% 之空調耗能集中在夏季
  （6 月、7 月、8 月、9 月），並因台電採累計電費，使得約 94% 的空調電費
  都集中在夏季。

- 由圖可知，T-RC-1 是最不節能的外牆系統，而最節能的外牆系統則是
  B-CMU-2。

- 複合式外牆系統的節能效益比台灣現在主流的外牆系統好得多，原因在於複
  合式外牆有空氣層的設定，空氣是相當好的斷熱材料，但若為固定之空氣，
  例如 PS 板等之發泡材料，更能確保隔絕熱對流的影響，因此隔熱材對節能有
  相當效果。

- 加入隔熱材後，外牆系統的耗能便相距不大。

三、U 值與節能

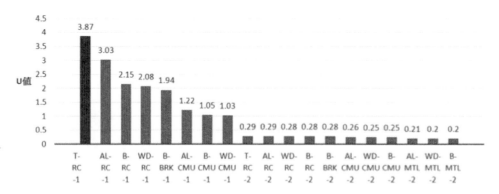

- 相同內牆的外牆系統，以輕鋼構 U 值最低，其次空心磚造，鋼筋混凝土 U 值最高。

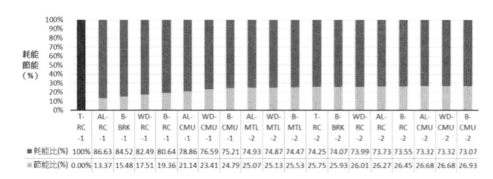

	T-RC-1	AL-RC-1	B-BRK-1	WD-RC-1	B-RC-1	AL-CMU-1	WD-CMU-1	B-CMU-1	AL-MTL-2	WD-MTL-2	B-MTL-2	T-RC-2	B-BRK-2	WD-RC-2	AL-RC-2	B-RC-2	AL-CMU-2	WD-CMU-2	B-CMU-2
耗能比(%)	100%	86.63	84.52	82.49	80.64	78.86	76.59	75.21	74.93	74.87	74.47	74.25	74.07	73.99	73.73	73.55	73.32	73.32	73.07
節能比(%)	0.00%	13.37	15.48	17.51	19.36	21.14	23.41	24.79	25.07	25.13	25.53	25.75	25.93	26.01	26.27	26.45	26.68	26.68	26.93

- 以 T-RC-1 為比較基準，比較其他外牆系統的節能狀況。

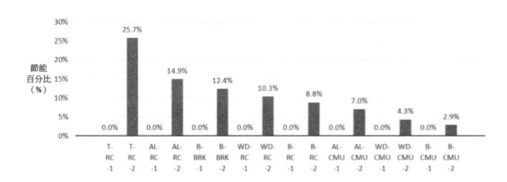

- 以未加隔熱材與加上隔熱材之後的兩種情形，比較外牆系統本身的節能效果。

- 加入隔熱材後，U 值便呈戲劇化的下降，其大小順序之趨勢大致與節能趨勢類似。

- 但節能的趨勢並不如 U 值呈現戲劇化的改變。

- X-MTL-X 系統雖 U 值最低，卻沒有加入 PS 板的效果來得好。

- 加入隔熱材的效果以 T-RC-2 表現最佳有 25.7% 的效果。

- 節能效果改善以 T-RC-1 系統最佳。

- X-RC-1 系統加上隔熱材都有不錯的節能表現。

- AL-X-1 系統加上隔熱材也都有相當的節能效果。

第四章 案例研究與分析

第一節　台灣磚造案例檢討

一、　裝飾磚造在台灣當代建築的應用

二、　台中縣太平市光隆國小

三、　南投縣南投高商行政專科大樓

四、　南投縣七股潟湖生態旅遊服務中心

五、　宜蘭縣社會福利中心

六、　瑞琪精密化工研發總部

第二節　國外磚造案例檢討

一、　Student Hostel in Weimar

二、　Principal's Office at the New University of Lisbon

三、　Office Building in Essen, Germany 1996

四、　Housing in Berlin, Germany

五、　結論

第一節　台灣磚造案例檢討

一、裝飾磚造在台灣當代建築的應用

　　台灣廣泛使用的面磚外牆，防水功能由四種材料「共同分擔」，亦即：面磚、黏著劑、防水水泥、與 RC 牆。四種材料均非可靠的防水材料，慣用的濕式施工，系統模糊，功效不清，無法處理外牆防水，漏水狀況普遍，反而成就了我們視「濕牆」為建築常態的心理。台灣常用的「防水水泥」的成分是在 1:2 水泥砂漿中，加入防水劑與海菜粉。因為水泥砂漿的黏稠度高，攪拌過程中，防水劑與海菜粉無法均勻分布，因此在整面外牆上防水功能也無法一致。常見的面磚建築外觀顏色深淺不一，原因在此，她準確呈現了一覽無遺的防水缺陷。

　　設計清水磚造建築時，建築師必須要有「模矩」概念，亦即建築物之長、寬、高、轉角、開口等尺寸，均應以清水磚之模距為之，精算其磚數與縫數之總和。施工時，營建之不準度則可以縫距微調。應避免「灰縫須配合結構體開口部大小，彈性留設 1.0 -1.2 cm 寬度」之類模糊不清的文字。特別是門窗開口，如無法滿足模距要求，則將造成未來防水排水設計之失敗。標準磚之真實尺寸為 230 mm x 110 mm x 60 mm，在清水標準磚之各邊加上 10 mm 磚縫，形成其模矩尺寸（nominal dimension）240 mm x 120 mm x 70 mm。三倍的 70 mm 是 210 mm，三磚兩縫之高度將好是水泥空心磚的實質高度 200 mm。水泥空心磚的真實尺寸為 400 mm x 200 mm x 200 mm。水泥空心磚與清水磚可形成一理想的共構，水泥空心磚可以鋼筋補強作為結構牆，1/2B 清水磚牆可作裝飾牆。一般事務所現今均以電腦繪圖，清水磚設計依賴製圖規劃已相當容易，然而建築師若無模矩概念，不僅難於掌握清水磚建築，它往往直接影響營建的精準度，此現象在台灣仍屬普遍。

　　以下個案的討論，重點應不是批評，而是在討論間，尋找一符合多重需求，且能被營建現實接受之設計與工法。畢竟，裝飾清水磚造在台灣的案例甚少，缺少溝通與參考，專業建築師須要花數倍的力量，各自辛苦的摸索，並落實一在地可行的工法。

　　國內這些年來，只有非常少數的幾件清水磚的建築作品完成，本書選擇其中的五件作品來討論，選擇的重點在於這些建築物採用的工法具有代表性，另外，資料的取得的完整性也是選擇的因素，因此五件作品中，大多為台灣的公共工程，然而其中有一件作品位於中國，是由台灣的翁獅建築師設計執行的。每件作品最終得以完成，都是靠著建築師對清水磚的厚愛與堅持，在造價與工法具為嚴苛挑戰的建築大環境裡，戮力完成的。

以下將從清水磚裝飾磚造的技術面討論下列五案，討論的架構與元素如下：

結構：磚重，金屬繫件，結構牆，重力與風力分析。

防水：防潮膜，金屬泛水板，排水孔。

開窗：楣樑，垂直窗框收邊，台度滴水，金屬泛水版，填縫劑，固定金屬件。

隔熱：玻璃纖維，岩棉，結露，冷橋。

圖 4-1：雲林勞工活動中心 廖偉立建築師

二、台中縣太平市光隆國小

楊瑞禎建築師事務所

台中縣光隆國小是九二一地震災區的重建學校，經費由認養企業提供，因此稍微寬裕，楊瑞禎建築師選擇質感厚實的清水磚，作為學校建築外殼的一個新的嘗試，也替學校建築提出了一個新的意象。（圖 4-2）

圖 4-2

（一）、結構牆、磚重、與風力分析

台中縣光隆國小處理清水磚自重的承重角鋼配置，較為特殊。其配置方式是「每 1750 mm 高度留設 120 mm x 50 mm x 5 mm L 型不鏽鋼角鐵，立面交錯排列，每 2m 重疊 50 cm」。角鋼承重，但是角鋼上下各兩磚高度處，均設置水平金屬菱形網，因此此「角鋼接合」同時處理水平風力，以及清水磚之垂直自重。「交錯排列」處理風壓時，可增加由小單元組成的磚牆在水平向的結構整體性，但是當乘載自重的角鋼交錯排列時，反而破壞了磚牆在垂直向的整體性。（圖 4-3）

同樣的，承重角鋼之功能乃是將清水磚的自重轉移到主結構上，其理想位置應該至於邊樑外側。本建築之樓板高度是 3700 mm，垂直高度 1750 mm 交錯排列之角鋼，與樓板關係未盡理想。原因有二，亦即 3700 mm 與 1750 mm 之間並無「模距」關係，施工規劃角鋼位置時，無法建立均質且可重複的結構載重關係。另一原因則是原本作為承擔水平風力的 RC 牆結構（wall structure），必須將裝飾清水磚的自重傳遞至大

樑。RC 的牆結構在此被迫擔綱承重牆的腳色，因此喪失了梁柱結構的清晰性，在防震設計上，較難模擬建物整體結構的結構行為。本案處理水平方向的受力，也是依賴「金屬菱形網」，其配置方式是在垂直方向，「每8磚高度水平方向留設金屬菱形網」，亦即每 550 mm 高設置水平固定件。金屬菱形網之垂直間距與角鋼的垂直間距之間，亦可以建立模距關係，與簡單清楚的幾何配置，因此達到最佳化的結構整體性。

　　建築師書寫規範時，未能掌握「模矩」概念，應與營建現實有關。市場上清水磚的尺寸，家家各有一把尺，而公共工程不能以尺寸綁標，建築師只能依據結構需求，書寫保守且原則性的規範。建築業界的材料尺寸，一直都是多頭馬車，英制、米制、台制同時並存市場，而每一種系統內，也都未必就有模矩的內規，例如：板材（夾板，石膏板等）的厚度與尺寸。因為廠商的尺寸千變萬化，無所適從，建築師長此以往的執業在這個混亂的系統中，造成建築師在專業養成的過程中，缺乏這一項非常重要的練，它嚴重的影響建築的設計品質與施工品質，最終導致環境品質的整體低落，在節能減廢的時代需命題下，往往欲振乏力。

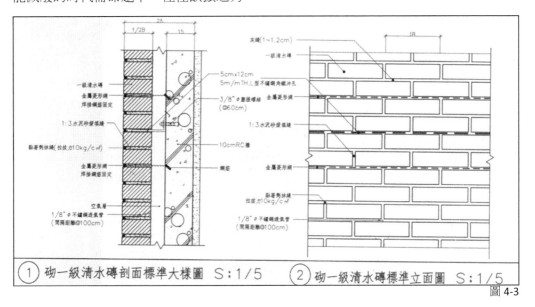

① 砌一級清水磚剖面標準大樣圖 S:1/5　② 砌一級清水磚標準立面圖 S:1/5

圖 4-3

（二）、排水、防水、與通風

　　光隆國小的外牆，在清水磚後方的 RC 結構牆的外側，未作防水，雖然未必漏水，但不可避免的會造成潮氣的發生。本案均佈設了許多透氣管，「砌磚每間隔距離 1.5 米留設 1/8" Φ 不鏽鋼透氣管」，可以減少潮氣。然而，承重角鋼處未作金屬排水版，也未設排水孔，而金屬排水版應與排水孔結合，在承重角鋼處將水排出。因此，在雙層牆的空縫內，水路未被設計，雨水最後留滯一樓牆角，無法排出，造成青苔與黴菌。裝飾磚牆與 RC 牆間，未設隔熱，也是另一項遺憾。

（三）、開窗：楣樑，檻度，與垂直窗框

　　光隆國小的開窗或開門，均作 RC 楣樑，與後方 RC 結構牆以"L"型一次澆灌成形（tongue），水平部分的 RC 板 150 mm 厚，突出至清水磚面，承載上方磚重。清水磚牆與 RC 牆之間的空縫（cavity）約 40-50 mm，窗框固定於 RC 結構牆上，窗框面與 RC 牆面齊，因此窗框與清水磚牆之間空縫外露，光隆國小的處理方式有二，亦即有走廊側之窗戶，因無雨水的直接接觸，使用 RC 將 40-50 mm 的空縫填平，採取較視覺性的方式處理（圖 4-5，圖 4-6）。無走廊側之窗戶，直接接觸雨水，採用鋁擠型與填縫劑封邊，滿足防水需求（圖 4-4，圖 4-9）。然而，正確的防水原則，則是在 RC 牆上開窗之四周，作金屬泛水板，金屬泛水板之一側與窗框密接，另一側則與 RC 牆上之防潮膜密合，形成由 RC 外牆面至窗戶無間斷之防水設計，可參考第二章末，窗框周邊之 3D 設計圖。

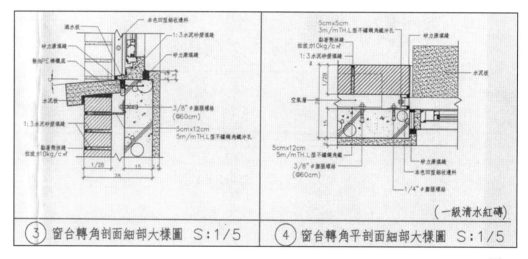

圖 4-4

（四）、伸縮縫

　　清水磚裝飾外牆需設置水平「伸縮縫」，位置在承重角鋼下方，或承重 L 型 RC 板（tongue）下方，以及 RC 大樑下方。光隆國小走廊側的清水磚牆，因為 RC 大樑必然會發生沉陷（deflection），因此大樑擠壓下方清水磚的最後一條水平向的水泥抹縫，造成水泥抹縫的碎裂（圖 4-7，圖 4-8）。如果這最條水泥抹縫替之以軟性的填縫劑，則可避免水泥抹縫的碎裂，雖然水泥抹縫的碎裂並不會造成結構上的憂慮。通常，承重角鋼以膨脹螺栓鎖於邊樑外側，它承載單一樓層的清水磚的自重，RC 大樑發生沉陷時，承重角鋼亦隨之下沉，同樣會擠壓下方清水磚的水泥抹縫，因此此處抹縫亦須替之以軟性填縫劑。

圖 4-5 / 圖 4-6

圖 4-7 / 圖 4-8

圖 4-9

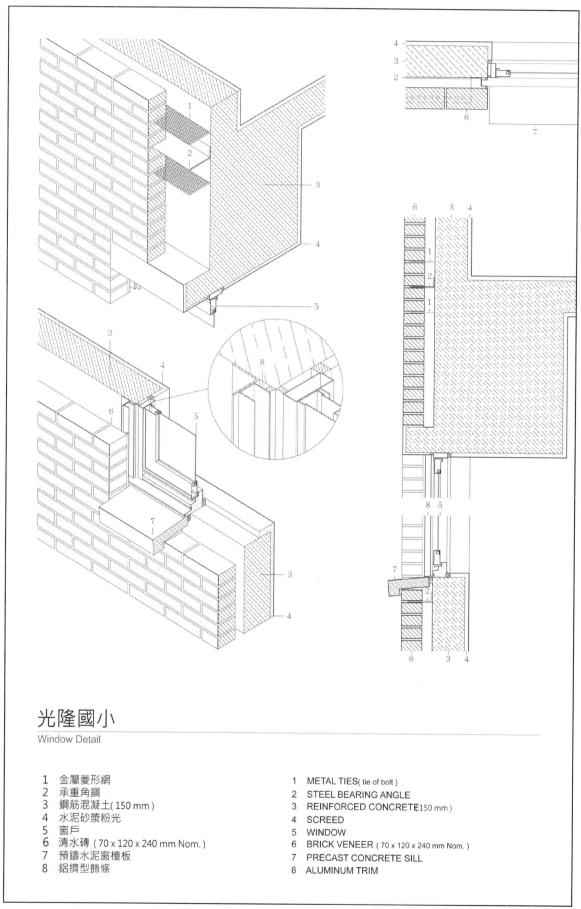

光隆國小

Window Detail

1	金屬菱形網	1 METAL TIES(tie of bolt)
2	承重角鋼	2 STEEL BEARING ANGLE
3	鋼筋混凝土(150 mm)	3 REINFORCED CONCRETE(150 mm)
4	水泥砂漿粉光	4 SCREED
5	窗戶	5 WINDOW
6	清水磚 (70 x 120 x 240 mm Nom.)	6 BRICK VENEER (70 x 120 x 240 mm Nom.)
7	預鑄水泥窗檯板	7 PRECAST CONCRETE SILL
8	鋁擠型飾條	8 ALUMINUM TRIM

三、南投縣南投高商行政專科大樓

蔡元良建築師 / 境向聯合建築師事務所

圖 4-10

　　南投高商行政專科大樓採用米色耐火磚，建築設計平實大方，材料素雅而耐人尋味，有經驗的細部設計與蔡元良建築師在美國的實務經驗有關，建築師將此工法帶回台灣，作適度的調整，然而營建上的挑戰仍高，就建築成品而言，即便為公共工程，此案之營建品質仍然確實而精美。

（一）、結構牆、磚重、與風力分析

　　依據施工圖上之規範，垂直高度每 270 cm 設置水平連續不鏽鋼 5x12 cm L 型角鋼，厚 5mm。實務上，清水磚重量應傳遞至主結構（樑柱系統），此處指 RC 邊樑，因此承重角鋼的的垂直間距應為樓板至樓板高度。本案設定此高度為常數 270cm，原因可能受磚重與角鋼載重能力有關，但是藉由「牆結構」，15 公分厚之 RC 牆，承載磚重是不合理的（圖 4-11），牆結構的結構行為較為複雜，難以預測，且與主結構在建物中的結構行為差異甚大。緊鄰承重角鋼正下方的水平磚縫，應作連續水平「軟縫」，亦即以「填縫劑」的軟性材料取代正常泥灰與抹縫的硬性材料，此連續水平縫是裝飾清水磚在垂直向的「伸縮縫」，它可以避免主結構沉陷，或地震時材料結構位移，對清水磚所造成的擠壓或崩裂。

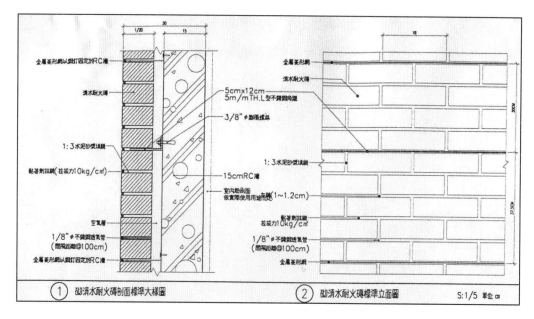

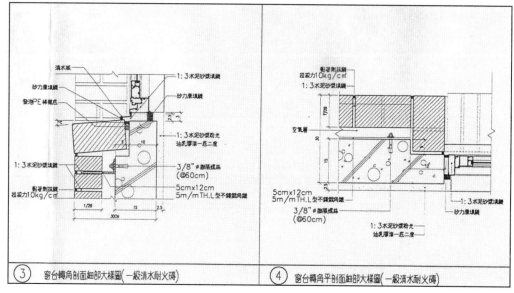

圖 4-11

圖 4-12

　　作用於清水磚的水平風力仍藉「金屬菱形網」，由清水磚面傳遞至 15 cm RC 牆結構上，其缺點已於光隆國小設計案中討論過。金屬菱形網的配置，依據規範，設置於不鏽鋼角鋼之上兩磚、與下兩磚處，以及每九磚高度處設置，亦即垂直相鄰兩支水平不鏽鋼角鋼間，設置四條水平金屬菱形網，上下兩條水平金屬菱形網鄰近不鏽鋼角鋼（圖 4-12），此種配置仍有將角鋼與角鋼間之清水磚面切割成獨立的帶狀水平條的問題，它破壞了裝飾清水磚牆的「結構整體性」（monolithic structure）。然而，轉角處每層磚間設置之菱形金屬網（施工圖規範），擇適當的補強了裝飾清水磚牆在轉角處的結構整體性。

（二）、排水、防水、與通風

南投高商 15 cm 厚的 RC 牆結構面室外側，未作防水，裝飾清水磚之完成面（面室外測）則噴塗撥水劑（施工圖規範），空縫中必然發生之潮氣會滲透 RC 牆進入室內，但是又因裝飾清水磚之完成面塗覆撥水劑，無法有效的借雨後之日照與通風，逐漸乾燥空縫。改善方式是在 RC 牆結構面室外側塗佈防潮材料，如瀝青等，並且不作潑水劑於裝飾清水磚之完成面。

砌磚每間隔 150 cm 置放 1/8"Φ 通氣不銹鋼鋼管（施工圖規範），規範定義了水平位置，垂直位置則無定義。此 1/8"Φ 不銹鋼圓管應為排水用，3 mm 直徑圓管作為通風用嫌太小。進風口通常留設於樓板附近，亦即於承重角鋼上方，每一層樓為一「通風單元」，利用不施水泥砂漿的垂直磚縫，每隔三磚，約 72 公分，置放一空縫作進風口，承重角鋼下方依同樣工法設置出風口。承重角鋼水平阻斷清水磚牆與 RC 牆結構間的空縫（cavity），因此承重角鋼上應作金屬泛水板（圖版 2-9），承重角鋼與其上之清水磚之間常因熱漲冷縮等原因，產生輕微運動與摩擦，因此必須使用「金屬」泛水板，避免導水系統失敗。排水用 1/8"Φ 不銹鋼圓管貼置於金屬泛水板上，以水泥砂漿固定，每隔三磚，約 72 公分，置放一支，後方塞入碎石，避免不銹鋼圓管堵塞。

建物上方之女兒牆面飾清水磚，上緣豎砌清水磚收頭，設計細膩。豎砌之清水磚下方作 3 mm 熱熔式防水毯（圖 4-13），橫跨下方空縫，避免雨水從容易龜裂之豎砌清水磚進入空縫，此為標準牆頭泛水板之設置方式，但是仍然建議，採用「金屬」泛水板替代熱熔式防水毯，防止清水磚之間因輕微運動與摩擦造成泛水板功能失敗。

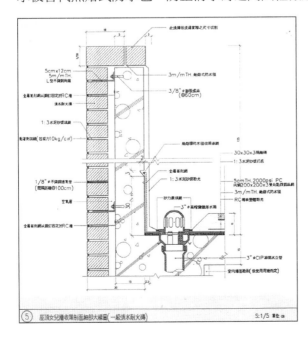

圖 4-13

（三）、開窗：窗楣、檻度、與垂直窗框

　　窗戶的導水防水設計是裝飾空縫牆（veneer cavity wall）的設計考驗。它需要建築師與工匠的知識，技術，與經驗來滿足設計施工的高門檻要求，達到功能與美觀之整體效益。

　　南投高商的「窗楣」（lintel）設計是將 15 cm 之 RC 牆結構於窗楣處由垂直轉 90 度成為水平，作為承載磚重之 L 型楣樑，局部磚重經由楣樑回到牆結構上（圖 4-14）。以結構而言，局部的磚重落在此 L 型 RC 楣樑上，局部的磚重落在下一層每隔 270 cm 設置的連續不鏽鋼角鋼上，因此在連續角鋼與角鋼之間，高 270 cm 環繞建物一周的單層 1B 裝飾清水磚牆片，因熱漲冷縮、地震、或其他原因造成運動時，L 型 RC 楣樑橋接「RC 結構牆」與「1B 裝飾清水磚牆」，干擾了 1B 清水磚牆的均質性與整體性（homogeneity and integrity），因此楣樑兩側 90 度轉角處，容易發生裂縫。

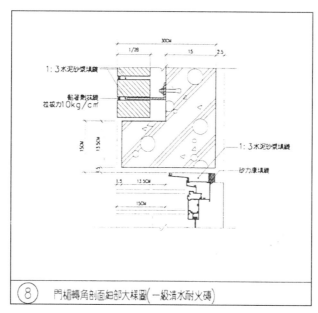

圖 4-14 / 圖 4-15

　　建議的做法是使用鬆置的獨立楣樑（loose lay lintel），材料可以是：石條、預鑄水泥條、熱浸鍍鋅處理或不鏽鋼角鋼。「鬆置」（loose lay）的意思是：當磚工在窗戶兩側疊磚至窗楣高度時，他可將較窗戶開口寬度稍寬的獨立楣樑「鬆置」於兩側之磚牆上，楣樑與下方之磚牆在兩側各重疊 10 cm 以上，然後繼續疊磚，跨過窗戶開口，此工作可由單一磚工完成。如此設計的結構概念是：確保繞屋一周，兩條連續承重角鋼之間的水平帶狀 1B 清水磚牆片結構的「整體性」，俾能均勻分布並傳遞加諸之外力。南投高商的楣樑處未作排水與防水設計，角鋼前與 RC 楣樑上緣均以填縫劑，或水泥

砂漿粉光封死，原因應是防止楣樑處造成水漬。若以鬆置角鋼楣樑施作，則可同時置入金屬泛水板，於角鋼前緣作滴水，將雨水帶離窗戶，不會造成水漬，若以鬆置的石條或預鑄水泥條，則將金屬泛水板置由楣樑下方與上窗框之間伸出，作 45 度滴水，將雨水帶離窗戶，亦不會在磚牆上留下水漬。最後是南投高商的窗戶立面設計，水泥粉光後的楣樑與窗同寬，視覺上無法交代楣樑的功能，和視覺的合理性，亦即，立面上夾在清水磚之間的水泥色楣樑，似乎會有「滑落」之虞，無法承載上方的磚重，相較於鬆置的楣樑，它傳達了結構上的真實性，因此賦予視覺上的合理性。

南投高商的窗戶「台度」（sill）設計以傳統的排磚方式行之，小心地作豎砌、洩水、與滴水等處理，視覺上優雅合理。建築師的設計在 15 cm 的 RC 牆結構的上緣，製作長條缺口，與窗框等寬，提供清水磚豎砌時的空間，並將裝飾清水磚牆與 RC 牆體結合，下窗框的水平鋁擠型與同為鋁擠型之金屬泛水板咬合，將雨水跨過下方空縫，帶到豎砌清水磚的洩水坡度上，雨水順磚面流至豎砌清水磚突出牆面之下緣滴水，帶離牆面（圖 4-12）。接下來討論豎砌清水磚「檯度下方」的設計，南投高商的設計是置入不鏽鋼角鋼，與台度同寬，以膨脹螺栓固定於後方牆結構上，角鋼上方充填水泥砂漿（mortar bed），豎砌清水磚著床其上，創造洩水坡度，豎砌清水磚與後方 RC 牆間之縫隙以填縫劑充填。

此設計將會造成窗檯附近「泛潮」的的現象，而此現象在台灣極為普遍，發生在裝飾面磚外牆的室內窗戶周邊。原因是清水磚基本上是一透水性材料，台灣春冬雨季時，清水磚檯度與下方的「水泥床」應該都是溼的，終至於 RC 牆也因為其高滲透性，而成為溼牆，最後導致室內受潮。如果未漲受潮，在豎砌清水磚外側塗佈潑水劑，則只會使情況更糟，因為水氣必然進得去磚牆後方的空縫，卻因為撥水劑而無法排出，或自然蒸散。因此解決此問題的辦法是在此處加一片斷水斷潮的「金屬泛水板」，金屬泛水板與 RC 牆面上的防潮膜重疊結合（overlapping），徹底斷絕潮氣（圖板 2-9）。「連續」金屬泛水板（metal flashing）的位置，從下窗框的室內方開始，作垂直片緊貼於下窗框內側，以內裝飾板壓實收頭，金屬泛水板再延豎砌清水磚之後緣與下緣，穿過水平磚縫，45 度下摺，浮出牆面約 2 cm，隱藏於豎砌清水磚滴水下方，作第二道滴水。此金屬片與 RC 結構牆面之防潮膜將徹底阻斷潮氣進入室內。鋁擠型泛水板處，與 RC 牆上緣之填縫劑，則均無須施作，使新作之金屬泛水板上方無可避免之潮氣，可因通風日照而自然排出。

上述設計中的金屬泛水板可取代南投高商設計中的不鏽鋼角鋼，金屬泛水板是乾式鬆放置於磚與 RC 上，沒有任何穿孔，窗戶與 RC 牆結構間的固定可發生於垂直鋁框上，確保窗戶周邊之水於金屬泛水板之滴水處排出。如前所述，移走不鏽鋼角鋼的好處是：保持裝飾清水磚牆結構的均質性與整體性，避免龜裂。

南投高商的「垂直窗框」設計（Jamb）很細緻，建築師小心地在 RC 結構牆的側緣作出垂直缺口，因此，清水磚在窗戶兩側的收邊處，直接轉到垂直窗框的後面，跨過裝飾磚牆後面的空縫，視覺上，窗框直接崁在厚厚的清水磚牆洞裡，因此清水磚牆的視覺厚度比真實厚度來得厚（圖 4-12）。楊瑞禎的光隆國小，廖偉立的七股潟湖生態中心，姚仁喜位於台北市仁愛路圓環的復興中學都沒有做得如此仔細（圖 4-16）。然而復興中學的窗楣，以 L 型之 RC 水平版為之，完成面則洗石子，在窗楣上方與第一排清水磚下方，則隱約可見泛水板突出，此一細部在其他參設計案中均未見到，此排水功能之泛水板至為重要，如以防鏽蝕金屬為之，則更可耐久（圖 4-17）。

圖 4-16 / 圖 4-17

如果仔細檢視南投高商的平剖設計，則發現窗框面向室外的鋁條面與 RC 結構牆的牆面在同一平面上，且其間作填縫劑，另轉 90 度收邊的清水磚與 RC 之間也作填縫劑，因此，在窗框與清水磚之間有兩條垂直向的填縫劑，最後可能合併成一條極粗的填縫條。從防水來看，因為是垂直向的窗框，地心引力將水帶走，失敗機會不大，但是仍難避免窗框附近 RC 牆受潮的現象，最終會透至室內側的水泥粉光。

　　解決的方法是置放一片垂直的金屬泛水板，貼著垂直窗框的內立面，往兩側延伸，釘在 RC 牆上，以 RC 牆面的防潮膜材料，於接合處覆蓋兩次，確保 RC 外牆面至窗框的防水設計的連續性，此為外牆的「水線」，在水線以外可以潮濕，但是在水線以內必須保持百分之百的乾燥。做好防水膜與金金屬泛水板的收邊後，再將整座窗框往室外推出，與轉 90 度的清水紅磚重疊 2-3 cm，施作一條細細的填縫劑。南投高商的外牆未作任何隔熱，僅依靠約 5 cm 的空縫終之空氣隔熱，但比之一般的面磚 RC 牆，已進步許多。

圖 4-18

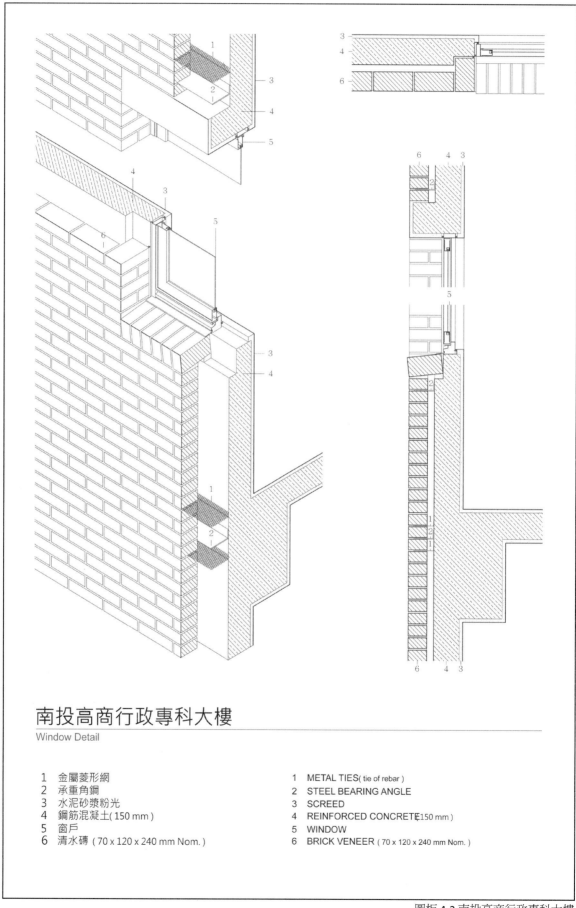

南投高商行政專科大樓

Window Detail

1	金屬菱形網	1	METAL TIES(tie of rebar)
2	承重角鋼	2	STEEL BEARING ANGLE
3	水泥砂漿粉光	3	SCREED
4	鋼筋混凝土(150 mm)	4	REINFORCED CONCRETE(150 mm)
5	窗戶	5	WINDOW
6	清水磚 (70 x 120 x 240 mm Nom.)	6	BRICK VENEER (70 x 120 x 240 mm Nom.)

圖板 4-2 南投高商行政專科大樓

四、南投縣七股潟湖生態旅遊服務中心及農特產產銷中心

廖偉立建築師事務所

廖偉立建築師的雲林勞工活動中心和七股潟湖生態旅遊服務中心及農特產產銷中心，是近年來設計與施工均極為優秀的案例，前者曾獲得 2009 年建築師雜誌獎，後者於 2010 年底完工。此處將討論七股潟湖生態旅遊服務中心及農特產產銷中心的細部設計，與技術面的考慮。

圖 4-19 七股潟湖生態旅遊服務中心及農特產產銷中心

（一）、結構牆、磚重、與風力分析

裝飾清水磚只有 1/2B 的厚度，它的結構穩定性依賴垂直力與水平力的處理。垂直力以清水磚的自重為主，水平力則以清水磚牆承受的風壓為主。七股潟湖案處理清水磚自重的承重角鋼配置，以垂直高度每 3200 mm 置放一支水平連續角鋼，環繞建物一周，尺寸為 120 mm x 50 mm x 5 mm 或 350 mm x 50 mm x 5 mm 的不鏽鋼角鋼。此承重角鋼之功能乃是將清水磚重轉移到主結構上，因此其理想位置應該緊鄰邊樑，本建築之樓板高度都在四米以上，3200 mm 將錯過邊樑，未盡理想。若樓板高度過大，可調整角鋼尺寸與厚度，以滿足承重所需。本案處理水平方向上的受力，主要為風力，則是依賴「金屬菱形網」，其配置方式是垂直方向，「每 13 磚高度水平方向留設金屬菱形網，固定至結構體」，亦即每 900 mm 高設置一圈固定件。如有角鋼，則於角鋼上下各兩磚高度處，設置水平金屬菱形網。金屬菱形網的一端鎖在 RC 牆上，另一端則崁入水泥沙漿的水平磚縫中。亦即，每一層的連續「金屬菱形網」負責穩固上下各

450 mm 的「帶狀清水磚面」。其設計原理乃是利用「金屬菱形網」與水泥沙漿將清水磚塊組織成為一片具有結構整體性的裝飾磚面（monolithic plan）。這片「裝飾磚面」在結構上只需處理自身結構的整體性，而將水平力，傳遞到後方 150 mm 厚的 RC 結構牆，此兩功能均依靠連續「金屬菱形網」來完成。

同樣使用此結構工法的設計案，尚有楊瑞禎建築師的光隆國小與中坑國小，蔡元良建築師的南投高商，然而這片裝飾磚牆在結構的穩定性上，似乎存在著兩個問題。其一是：「金屬菱形網」在水平向的鋼性是否足夠？因為她的四邊形的網格，幾乎無法避免她與生俱來的彈性性格。其二是：連續「金屬菱形網」的水平配置方式，將整面牆切割成無數的水平帶，因此在水平帶之間創造出線性的結構弱點。改善這兩項問題的方法是，將線性的組織方式改為「點陣式」的組織方式，並且將點陣式的金屬繫件的落點以「錯縫」的原理配置（圖 2-1）。清水磚牆背面的每一金屬繫件的「接合點」負責 720 x 720 mm 面積的的水平力，亦即垂直向每 12 皮放置一支金屬繫件，水平向每 3 磚放置一支金屬繫件，並且交錯置放。

（二）、防水、排水、與通風

七股潟湖案的外牆系統是由 1/2B 厚（110mm）的清水磚裝飾牆與 RC 結構牆構成，兩者之間留置 4cm 的空氣層（cavity, air space）（圖 4-22）。此外牆系統的防水處理分為兩層，一層是在清水磚面塗佈「表面潑水劑」，一層則是在 RC 結構外牆的面外牆面（outer facing）上施作防水層。七股潟湖案的防水處理優化了 2008 年的雲林勞工活動中心的外牆系統，她也將台灣的 RC 造外牆防水工法往前推進一大步。獨立處理的外牆防水系統，取代了將面磚、水泥沙漿、與 RC 結構牆混為一談的傳統防水方式。

圖 4-20 / 圖 4-21

七股潟湖案的防水處理，可以有兩項改善之建議，其一是可以省去清水磚表面塗布的潑水劑，因為清水磚需要呼吸，而後方的空氣層中的潮氣需要透過清水磚的表面張力效應，由外而內的逐漸乾燥，潑水劑將妨礙此自然法則，造成空縫層中水氣只進不出，長年潮濕的現象。其二則是 RC 結構牆依賴傳統的「防水粉光」，亦即是 1:2 水泥沙漿添加防水劑的粉光處理。因為水泥沙漿基本上仍是「硬材料」，龜裂難免，特別是在台灣多震的自然條件下，因此我們必須要接受「防水粉光」是「不可靠」的防水材料，「防水粉光可以防水」的觀念目前仍難以動搖。建議的防水工法是將結構牆面做好水泥粉光後，塗佈乳化瀝青，或稱冷瀝青作為防水材料。它的優點是軟材料，施工容易，造價經濟，不會因為金屬繫件穿透防水膜，而破壞防水膜的功能。塗佈防水膜時，金屬繫件已就位固定，因此在牆面與金屬繫件之介面處，塗佈防水膜兩三次，即可達到完全防水的功效。如果使用防水粉光，金屬繫件必須於粉光後施作，否則難以粉光，因此待金屬繫件置入後，防水粉光已千瘡百孔，喪失功能。

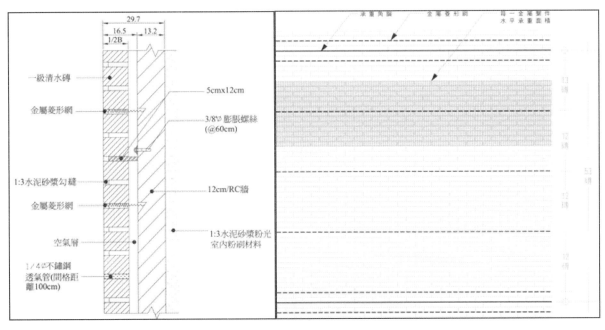

圖 4-22

圖 4-23 / 圖 4-24

七股潟湖生態旅遊服務中心

Window Detail

1 水泥砂漿粉光	1 SCREED
2 鋼筋混凝土 (150 mm)	2 REINFORCED CONCRETE (150 mm)
3 清水磚 (70 x 120 x 240 mm Nom.)	3 BRICK VENEER (70 x 120 x 240 mm Nom.)
4 防水水泥粉光	4 SCREED
5 窗戶	5 WINDOW
6 承重角鋼	6 STEEL BEARING ANGLE
7 鋼構及金屬浪板屋頂	7 OPEN STEEL STRUCTURE WITH METAL ROOF

圖板 4-3 七股潟湖生態旅遊服務中心及農特產產銷中心

五、宜蘭縣社會福利中心

黃聲遠建築師事務所

黃聲遠建築師的「宜蘭縣社會福利中心」應該是台灣最早的一件裝飾清水磚造建築作品，未有先例，因此是非凡的挑戰，需要相當的勇氣與毅力，並且在設計中學習，在營建中改善。建築設計上，清水磚材料的選擇有其地域上的適當性，工法上的摸索，其成熟度也相當驚人。（圖 4-25）

圖 4-25

（一）、結構牆、磚重、與風力分析

「宜蘭縣社會福利中心」磚砌式樣（brick pattern）非常特別，較接近「法式砌法」，因為每皮均是「一丁一順」或「一丁二順」重複發生，皮與皮之間再作錯位，然而「宜蘭縣社會福利中心」不同於法式砌磚處是每皮隔兩順作一丁砌，下一皮則是隔兩順作兩丁砌，然後，皮與皮之間再作錯位，外露清水混泥土樓板上方一皮作豎砌（rowlock），樓板下方一皮作立砌（soldier）。要注意的是，此裝飾清水磚造僅有 1B 厚度（120 mm），因此，此處的丁砌乃是切割過的半磚，在「視覺上」模仿古式，並非丁砌工法的原始目的，亦即，將 240 mm 厚，或更厚的清水磚牆用丁砌將順砌紅磚「鎖」再一起，達到結構強化與穩定的目的。

　　結構上，清水磚的自重是以每層樓為一單元，由位於反樑下緣的小片 RC 樓板傳至大樑（圖 4-26），結構清晰，楣樑與窗洞同寬，視覺上有滑落之虞，結構上亦有干擾清水磚裝飾造牆的整體性之問題，細節與原理可參考南投高商的「結構牆」的討論。1/2 B 磚，厚 120 mm 的裝飾清水磚是以「鍍鋅鐵件」（詳施工圖，圖 4-26）固定於 RC 結構牆前，留設空縫 50 mm 左右，鍍鋅鐵件將風力傳至 RC 牆結構上。「鍍鋅鐵件」的配置合理，水平向三磚順砌設一支，垂直向六皮設一排，如註明「菱形錯置」則更加。「宜蘭縣社會福利中心」大量使用清水磚，不僅用在走廊內側，也用在室內的牆面，因此建築物具有明顯的空間性格與材料感，對台灣常用貼皮裝飾室內空間的設計習慣而言，是一次重要的突破。

（二）、排水、防水、通風

　　「宜蘭縣社會福利中心」以樓板將裝飾清水磚牆水平切開，不僅結構上清楚，磚重於樓板處傳至大樑，排水通風設計亦以單一樓層為單元，逐層將水排出，並通風保持空縫中之乾燥。在裝飾清水磚牆的牆角，利用無填縫之垂直磚縫作排水通風口，樓板處以「纖維網塗抹防水膜」（不織布）作泛水設計，將空縫內之水於牆角處排出。此處仍建議 RC 外牆面塗佈防潮膜，並以金屬泛水板於樓板處將水帶出，並作 45 度滴水，保護下方 RC 粉光之樓板不受水漬汙染。

（三）、開窗：窗楣、檻度、與垂直窗框

　　「宜蘭縣社會福利中心」清水磚牆上的窗戶兩側，窗框垂直鋁條的細部設計，在施工圖上的平剖有錯誤（圖 4-27），因為「纖維網塗抹防水膜」的泛水設計暴露在外，無法防水和排水，然而現場的施工則改正了此一錯誤，靠窗框的清水磚小心的轉了 90 度，以填縫劑將深陷於牆面後方之垂直鋁框收於清水磚側，清水磚牆的視覺厚度較實際厚度為厚，與南投高工同。然而，此處仍建議以金屬泛水板結合 RC 結構牆外牆面之防潮膜，建立連續不斷的「防水線」，將金屬泛水板內摺，貼在垂直窗框的室內面，再以內妝收邊（圖 4-27）。金屬泛水板亦應施作於楣樑上方，與檻度之豎砌清水磚的下方，兩處均須作滴水，將雨水帶離牆面。施工圖的檻度設計作洩水坡度，並突出牆面作滴水，為正確的做法。然而現場施作時，檻度與磚面齊平，無滴水，原因不詳。此種設計為現代主義者所喜好，取其抽象的意象，視覺上收邊乾淨，但是會造成檻度下方清水磚牆的污漬。「宜蘭縣社會福利中心」的外牆都沒有作隔熱材，僅靠 50 mm 空縫隔熱。

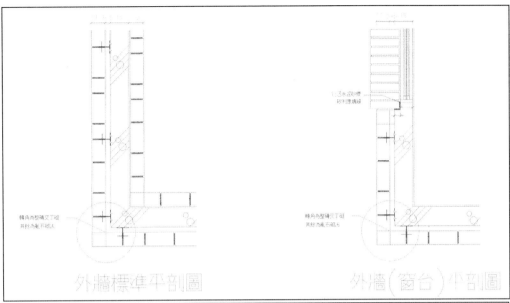

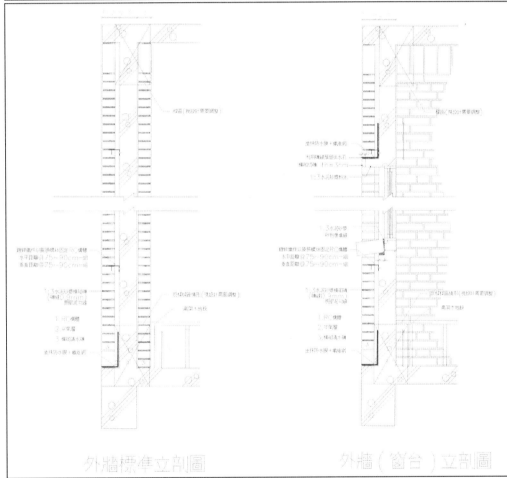

圖 4-26

圖 4-27

（四）、U 質與空縫外牆 (cavity wal)

雖然宜蘭社會福利中心的外牆留置空縫，卻未作隔熱，即便如此，外牆空縫所發揮的隔熱功能比之普遍通用之 150 mm 鋼筋混凝土牆外貼面磚的工法，或實心之裝飾磚牆，其外牆的 U 質卻大不相同。後兩者無空縫之設計，U 質為 3.87，前者有空縫之設計，U 質為 2.15，因此，空縫設計將外牆 U 值降低至 56%，亦及外牆之熱得或熱耗，將減少 44%。（表 3-1）因此，夏季可節省冷氣費用，冬天則可做到室內保溫，兩者都將大大改善我們的能源花費，與室內的舒適品質。

至於 U 質是什麼？簡言之，它是一個「導熱」係數。它表達的是一個由多種材料和複合構成的構造系統，所呈現的整體「導熱係數」。因此它有別於「單一材料」的熱導係數，然而在概念上則是一致的。

如果，宜蘭社會福利中心的裝飾清水磚外牆的空縫中，放置 25 mm 厚的隔熱材料，例如：岩棉（mineral wool）、保麗龍板（俗稱 PS 版，polystyrene）、或冷凍版（俗稱 blue board，high density polystyrene），則外牆的 U 質可降低至 0.28，為 150 mm 鋼筋混凝土，外貼面磚或洗石子的外牆 U 質的 7%，降低 93%。（表 3-1）

如果社會福利中心的外牆設計，不僅止於思考「建築意象」，而能更進一步的進入意象與功能的同時思考，並且「系統性」的思考建築功能，乃至於建築意象，則更能發揮建築師所使用的「設計工具」。設計需要解決「功能性」的硬體問題，並同時建議「文化性」的軟體問題。至於「系統性的思考功能與意象」是什麼？簡言之，它不僅只思考一片牆的隔熱效益，而是思考一個建築「空間」，或是一個建築「外殼」的隔熱效益，甚至，思考應納入外牆以外的其它相關設計與設施，並提出的一個系統性的設計答案。功能性的思考較易回答，也能建立驗收標準，文化性的思考則較複雜，也沒有「驗收」標準，因此此處將不討論後者。然而，系統性的思考也許可以幫助我們從文化性進入功能性，或相反的，從功能性進入文化性，例如：生態。她以同一種邏輯，或系統，介入地域性的環境與其延伸的文化。

圖 4-28

圖 4-29

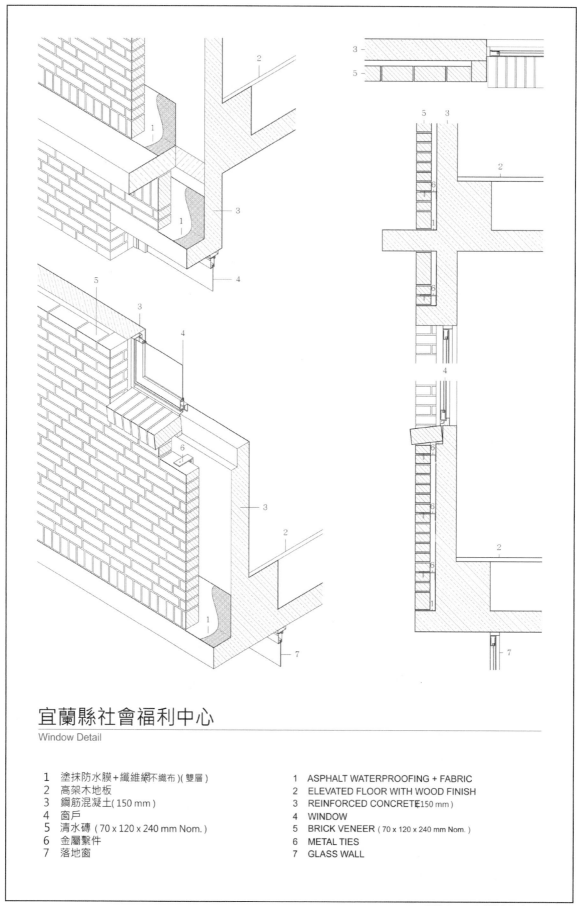

宜蘭縣社會福利中心
Window Detail

1	塗抹防水膜+纖維網不織布)(雙層)	1	ASPHALT WATERPROOFING + FABRIC
2	高架木地板	2	ELEVATED FLOOR WITH WOOD FINISH
3	鋼筋混凝土(150 mm)	3	REINFORCED CONCRETE(150 mm)
4	窗戶	4	WINDOW
5	清水磚 (70 x 120 x 240 mm Nom.)	5	BRICK VENEER (70 x 120 x 240 mm Nom.)
6	金屬繫件	6	METAL TIES
7	落地窗	7	GLASS WALL

圖板 4-4 宜蘭縣社會福利中心

六、瑞琪精細化工研發總部

翁獅建築師 / 得體設計有限公司

圖 4-30

（一）、結構牆、磚重、與風力分析

台灣的建築師翁獅在廣東深圳的瑞琪精細化工研發總部（圖 4-30）的清水磚設計頗有創意，建築師發現中國南方，廣東的鄉下有許多磚造糧倉（圖 4-31），夏天四處炎熱的狀況不亞於台灣，然而這些傳統的磚造糧倉，卻出奇的陰涼，深究其外牆構造，發現兩件有趣的事情，此高度約兩層樓高的清水磚牆為雙層牆構造，而且在磚牆的下方與上方，均可看見許多排列有秩的對流通風口。因此，這些糧倉是採用傳統空氣層隔熱的原理，再輔以熱空氣上升，創造雙牆間空氣層裡空氣的對流。建築師利用這先人的智慧，設計了瑞琪精密化工研發總部的外牆系統（圖 4-32）。此建築的主結構仍為 RC 的梁柱板系統，邊樑水平伸出 150 mm 厚 RC 樓板，外緣飾以水平 C 型槽鋼，強調水平的樓板線，在樓板與樓板之間「充填」清水磚外牆，因此清水磚外牆只承載水平風力，不承載建物的垂直荷重，清水磚雙層牆裡外兩層均為結構牆，以丁砌長磚將兩道磚牆共構，型成一座「單體結構體」（monolithic wall）。雙層牆中之空縫，設置 PS 隔熱板，增加外牆之隔熱效益，然而仍然保持空縫內部之空氣對流。（圖 4-33）

三樓的清水磚牆極厚，共計四層，再加上空縫，原因是此高及窗台之矮牆為一懸臂牆，僅賴牆角與樓板結合，此處為一硬結合（moment connection），力距甚大。而更大的受力，則來自矮牆上方大片窗戶所承受的風力。巨幅無間斷之水平窗戶，在窗戶上緣與下緣處分別固定於上端的樓板，與下端的矮牆，因此有一半的風力將加諸在此矮牆上緣之窗台處，此處如此厚重的清水磚牆將窗戶下元承受的風力傳導至主結構，

141

亦即樓地板（圖 4-34）。屋頂女兒牆也有類似的狀況，但它只是單純的懸臂牆，受力較之三樓矮牆，少了許多。

圖 4-31 / 圖 4-32

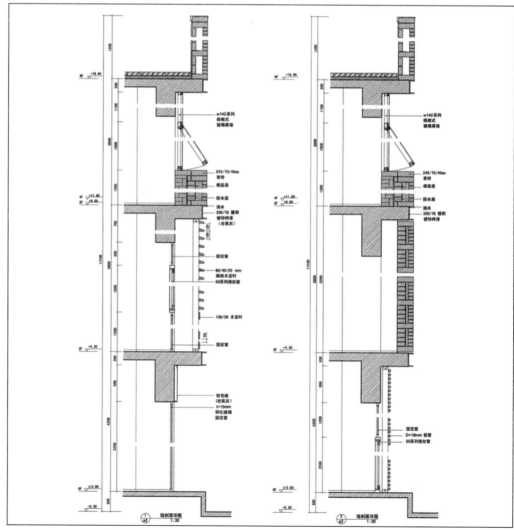

圖 4-33

（二）、防水、排水、與通風

　　瑞琪精細化工研發總部主要為辦公空間，北向視野良好，有大面開窗。開窗上緣直達樓板下方，固定於樓板下方，窗戶上方與樓板之間沒有帶狀清水磚，因此無須設置楣樑承載磚重，同時可以簡化窗框周邊的防水設計，窗戶後退至樑前，深窗設計減少雨天滲水窗楣之可能。然而，裝飾 C 型槽鋼與窗框上緣之間，露出水泥樓板，漆成白色，中斷了外牆清水灰磚的連續性，或說洩露了 C 型槽鋼的裝飾性。如果滴水未能妥善處理，銹蝕與水漬都將難免。深窗固然有視覺上的偏好，然而外側窗台的現代版細部，裡外均未做金屬泛水粄，或其它導水排水設計，有可能導致將來窗台漏水，因為此矮牆甚厚，即便內設空縫，朝天受水的磚縫終將因毛細現象，導致雨水於牆內亂竄的結果。

　　清玻璃後方外露之水泥樑，視覺上稍嫌不雅，較難維護管理。雙層牆未施作任何防潮或防水材料，磚牆內之空縫創造等壓，端賴重力將雨水帶出，室內濕氣將不可避免，而磚牆內空縫的對流通風，可改善受潮。（圖 4-33）

圖 4-34

　　瑞琪精細化工研發總部為一現代語彙鮮明的建築，然而內部的設計邏輯巧妙的整合了地域性的技術，與傳統的知識。現代語彙固然是建築師的企圖之一，但是真正的原因則是因為這套結構性的雙層磚牆的工法限制，它是遷就的答案，也是真實合理的答案，因此它的現代性不只是視覺的，是系統的，也是形式與內容兼具的。而更重要的是，它的造價在業主要求的範圍內完成，300,000.00 USD。台灣建築師翁師一直在尋找「得體」的建築，或稱「適當」的建築（proper architecture），這種思維深刻的建築在台灣是少見的。（圖 4-35）

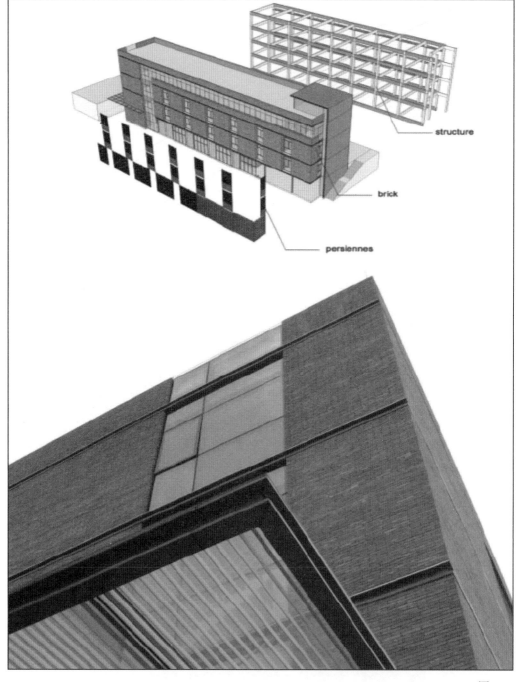

圖 4-35

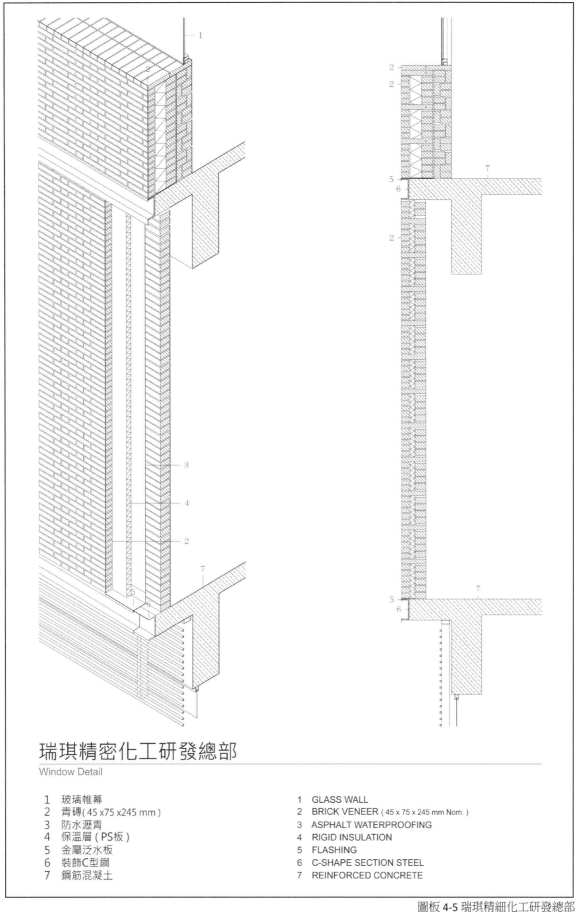

瑞琪精密化工研發總部

Window Detail

1	玻璃帷幕	1	GLASS WALL
2	青磚 (45 x75 x245 mm)	2	BRICK VENEER (45 x 75 x 245 mm Nom.)
3	防水瀝青	3	ASPHALT WATERPROOFING
4	保溫層 (PS板)	4	RIGID INSULATION
5	金屬泛水板	5	FLASHING
6	裝飾C型鋼	6	C-SHAPE SECTION STEEL
7	鋼筋混凝土	7	REINFORCED CONCRETE

圖板 4-5 瑞琪精細化工研發總部

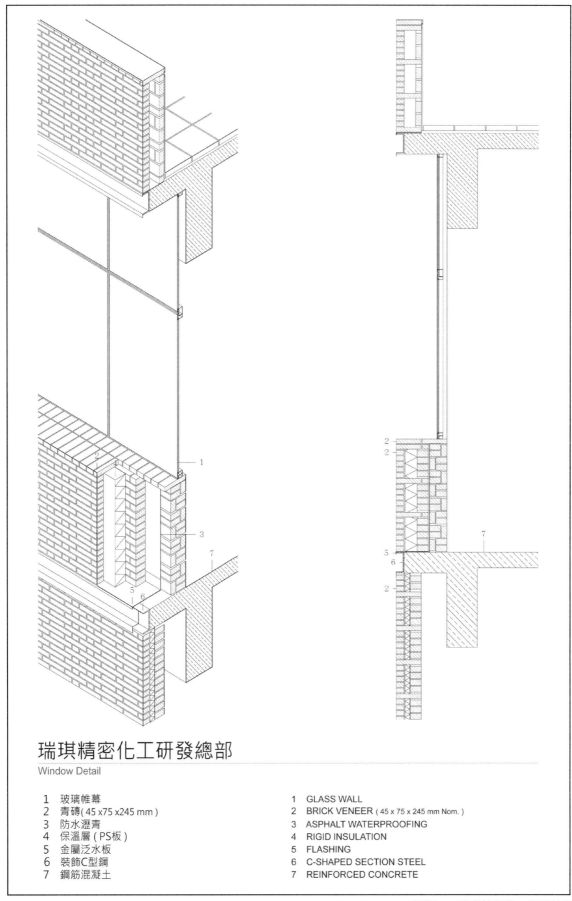

瑞琪精密化工研發總部

Window Detail

1	玻璃帷幕		1	GLASS WALL
2	青磚 (45 x75 x245 mm)		2	BRICK VENEER (45 x 75 x 245 mm Nom.)
3	防水瀝青		3	ASPHALT WATERPROOFING
4	保溫層 (PS板)		4	RIGID INSULATION
5	金屬泛水板		5	FLASHING
6	裝飾C型鋼		6	C-SHAPED SECTION STEEL
7	鋼筋混凝土		7	REINFORCED CONCRETE

圖板 4-6 瑞琪精細化工研發總部

第二節　國外磚造案例檢討

一、Student Hostel in Weimar

Architect: Karl-Heinz Schmitz, Weimar

圖 4-36

　　威瑪青年旅館的基地曾經是軍營，建築案是軍營中舊牢房的改建與增建，新舊建物均為三層樓建築，總計提供 50 個學生床位。因為基地侷促，卻希望保留西側庭園，因此新舊建築貼近，其間間距僅留設 1.1 米，在兩棟獨立結構上方線性作連續天窗，形成一自然光線充足，挑空三層，戲劇性十足的峽谷空間，雙拼臥室共用一入口，以木橋跨過峽谷進入雙拼單元。

　　青年旅館是一座造價低廉，但是設計品質與營建品質都是一流的建築，她反映了高度的專業成就，也展現了德國建築專業水準的「常態」（norm），和設計重點（emphasis）。設計中沒有浮而不實的造型炫技，沒有粗糙自創、想當然耳的工法，施工紀律森嚴，設計專業一流。適當的設計反映她的成本限制，然而基本的專業水準，沒有一項打折。

　　青年旅館主結構是 RC，牆結構也是 RC，150 mm 厚，從結構牆往室外方向，依序為：結構牆的室外面塗佈防潮膜，岩棉 80 mm 厚，空縫 40 mm 厚，外飾材料為預鑄水泥磚，90 mm 厚。預鑄水泥磚裝飾牆之窗戶開口處，設預鑄水泥條楣樑，楣樑兩端坐於下方之側牆，鋁窗的上下緣與兩側作鋁擠型泛水板，內側與窗框咬合，外側延伸突出於預

鑄水泥磚面，鋁擠型泛水板約 3 mm，有多重功能，包括：防水，排水，避免窗戶周邊預鑄水泥磚飾牆的汙染，窗戶四邊的空縫收邊，於開窗處整平預鑄水泥裝飾磚牆，精緻化的視覺效果。

　　窗戶的組裝次序是，當 RC 牆與預鑄水泥磚牆完成後，在窗戶開口的四邊，置入鋁擠型深框泛水板，一體成形，橫跨並覆蓋 RC 牆與預鑄水泥磚牆開窗處的空縫（cavity），將內外兩牆於開窗處準確而乾淨的收掉，在鋁擠型泛水板的剖面上所見之方形管狀擠型，是補強鋁擠型泛水板自身的結構硬度，此窗戶為落地窗，與門同高，超過兩米。鋁擠型泛水板到位後，組裝窗戶時，將窗框由室內向外推出，卡入鋁擠型泛水板上有壓條之防水溝槽，完成窗戶系統的水密性。

　　本案設計與施工的介面，銜接無礙，以最簡的的施工組裝程序，完成聰明而有經驗之設計，因此設計品質與施工品質的整體結果均高。

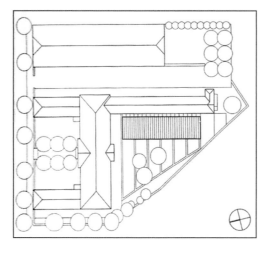

圖 4-37 / 圖 4-38

圖 4-39

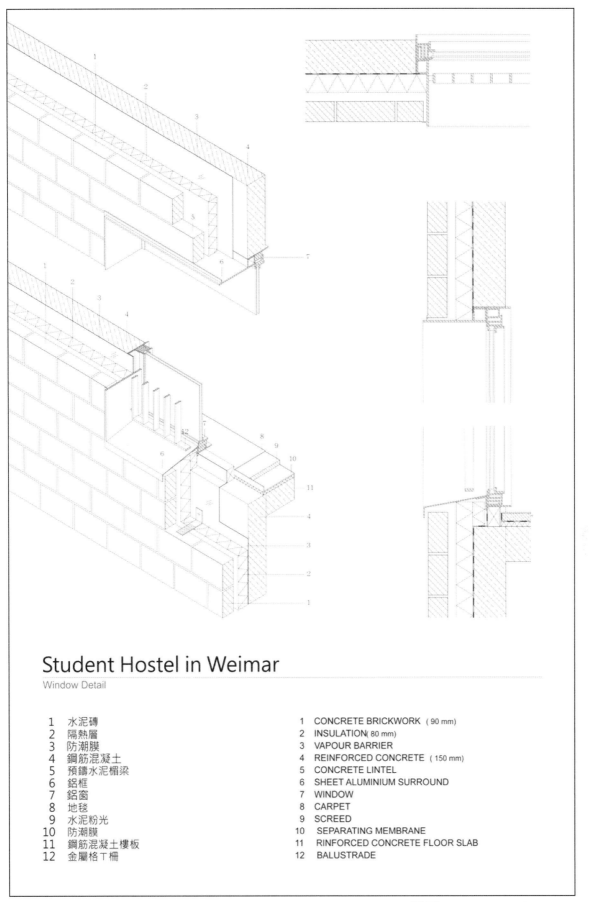

Student Hostel in Weimar
Window Detail

1	水泥磚	1	CONCRETE BRICKWORK　(90 mm)
2	隔熱層	2	INSULATION(80 mm)
3	防潮膜	3	VAPOUR BARRIER
4	鋼筋混凝土	4	REINFORCED CONCRETE　(150 mm)
5	預鑄水泥楣梁	5	CONCRETE LINTEL
6	鋁框	6	SHEET ALUMINIUM SURROUND
7	鋁窗	7	WINDOW
8	地毯	8	CARPET
9	水泥粉光	9	SCREED
10	防潮膜	10	SEPARATING MEMBRANE
11	鋼筋混凝土樓板	11	RINFORCED CONCRETE FLOOR SLAB
12	金屬格丁柵	12	BALUSTRADE

圖板 4-7 Student Hostel in Weimar

二、Principal's Office at the New University of Lisbon

Architect: Aires Mateus & Associados

里斯本新大學座落於一個古老的校園，校園曾經是修道院的學校，院內有一棟長條型的老建築，是校園裡的主要建築。新大學的校長大樓緊鄰這座舊建築，因此八層樓高的新建築與舊建築同高，並強調她瘦高的線性量體，新大樓分兩個部分，校長室與大學行政空間放在八層高的垂直量體裡，大型空間，如：玄關、教室、會議廳、以及演講廳埋在壓低的水平量體裡，紀念性尺度的大樓梯與水平量體的屋頂廣場銜接基地上地表的高差。垂直量體面廣場的東側立面，有自由配置的水平條狀開窗，反映牆後辦公空間的真實配置。

里斯本新大學校長大樓的主結構是 RC 梁柱系統，外牆構造較為複雜，在 RC 主結構之間充填（infill）牆結構，牆結構由雙層 110 mm 紅磚夾空縫 80 mm，共 300 mm 厚，室內面施作水泥粉光，室外面圖佈 18 mm 防水膜，結構牆外掛 300 mm 厚砂岩石板，空縫不作填縫劑，雨水自由出入，石板與結構牆之間再留 80 mm 空縫，內置 30 mm 岩綿隔熱。開窗楣樑處，訂做鋼構楣樑上承 300 mm 厚雙層紅磚結構牆，並依開口跨距設加勁板補強，窗框四周均施作金屬泛水板，重疊結構牆之防水膜往外拉至砂岩牆面，將雨水帶出。窗戶設在 300 mm 牆內側，與室內牆面平齊，採用雙層玻璃，另與石板面平齊，設 12mm 膠合玻璃固定窗。

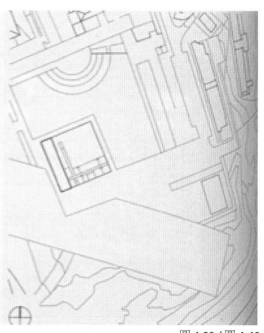

圖 4-39 / 圖 4-40

圖 4-41 / 圖 4-42

　　里斯本的冬季均溫約在 9-15℃，夏季均溫約在 29-19℃，全年氣候宜人，冬季與台北相似，夏季則較台北溫和。以新大學校長大樓的外牆設計來看，外牆厚度 42 mm，兩層空縫（cavity）各 80 mm 與 50 mm，另有 30 mm 岩棉隔熱。隔熱材料於牆面與窗框之四周均小心包覆，維持斷熱的連續性，內層窗作雙層玻璃，

　　因此外牆在冬季有很好的隔熱效果，在夏季亦能達到隔熱與儲熱的功效。里斯本氣溫溫和，八層樓的辦公空間，應不需要裝設冷暖氣機，不至於像台灣的簡陋 RC 外牆建築，在夏季的傍晚至深夜，必須忍受因 RC 牆散熱帶來室內持續增溫的環境困境。

　　里斯本是歐洲的老城，也是有名的港灣，氣候條件特殊，城內舊建築林立，傳承了許多營建技藝與工法，建築師與工匠也累積了許多的在地知識（local knowledge），因此，本案外牆之複雜工法不是偶然，比之台灣普遍使用的面磚 RC 外牆，數十年如一日，建築師只能改善外牆的「視覺效果」，卻無法處理外牆之功能面，與特殊的氣候條件。南歐諸國的建築，氣候與經濟條件與台灣相若，可學習之處甚多。

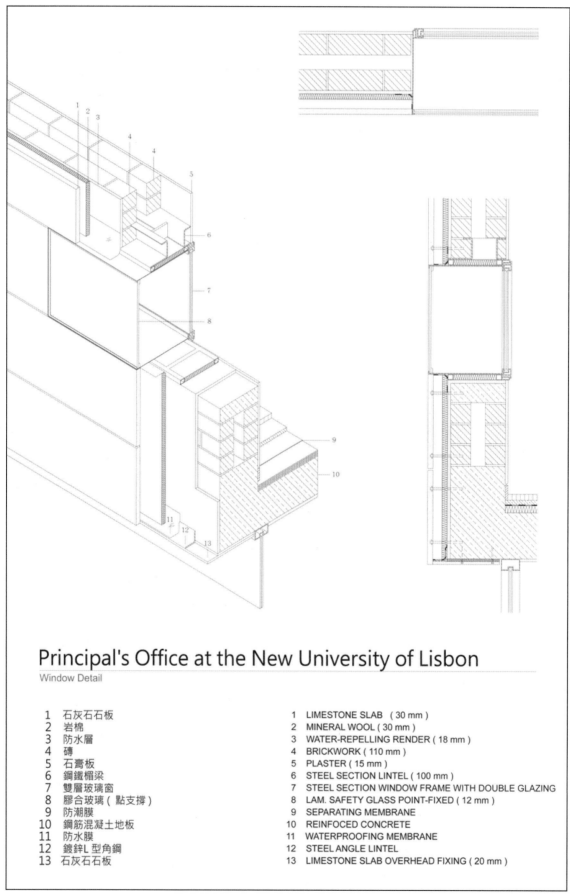

Principal's Office at the New University of Lisbon

Window Detail

1	石灰石石板	1	LIMESTONE SLAB （30 mm）
2	岩棉	2	MINERAL WOOL（30 mm）
3	防水層	3	WATER-REPELLING RENDER（18 mm）
4	磚	4	BRICKWORK（110 mm）
5	石膏板	5	PLASTER（15 mm）
6	鋼鐵楣梁	6	STEEL SECTION LINTEL（100 mm）
7	雙層玻璃窗	7	STEEL SECTION WINDOW FRAME WITH DOUBLE GLAZING
8	膠合玻璃（點支撐）	8	LAM. SAFETY GLASS POINT-FIXED（12 mm）
9	防潮膜	9	SEPARATING MEMBRANE
10	鋼筋混凝土地板	10	REINFOCED CONCRETE
11	防水膜	11	WATERPROOFING MEMBRANE
12	鍍鋅L型角鋼	12	STEEL ANGLE LINTEL
13	石灰石石板	13	LIMESTONE SLAB OVERHEAD FIXING（20 mm）

圖板 4-8 Principal's Office at the New University of Lisbon

三、Office Building in Essen,Germany 1996

Architect: Detlef Sommer of

Eckert Negwer Sommer Suselbeek, Berlin

　　德國艾森的辦公室建築在狹小的基地上，以四層電梯建築解決所需的辦公空間量，建築量體前後錯開，呼應基地條件：基地形狀、停車空間、既有建物、與主入口位置。新建築地位居中，以走道銜接既有的辦公建築，並且中介基地北側的廠房建築。每層五間辦公室分置中央走廊兩側，走廊銜接兩端之電梯間、樓梯間、與服務性空間。建築立面組織簡單，牆柱窗節奏嚴謹，功能與構造之自明性高。

圖 4-43

圖 4-44

　　主結構為圬工「承重牆系統」（masonry Load Bearing Wall），預鑄 RC 樓板跨坐於外牆與中央走廊兩側之承重牆上。外牆構造為雙層牆空縫系統，分成「內層結構牆」與「外層裝飾牆」，中間夾空氣層，內層結構牆由 240 mm 厚預鑄混凝土實心磚疊成，室內面鋪石膏板內裝，室外面塗覆防潮膜。外層裝飾牆由 52 x 102 x 220 mm（Oldenburg）炭燒糙面清水磚疊成，內外兩層牆之間夾 110 mm 厚岩棉隔熱材。清水磚開窗處設楣樑，搭坐於兩側之清水磚與預鑄混凝土實心磚承重牆上，楣樑為 L 型預鑄 RC，外露面以特殊尺寸之清水磚黏貼於表面。

樓板處之水平磚帶甚薄，金屬泛水板由上層窗戶之樑度後方，包覆樓板外緣，延伸至下層窗楣之木頭飾板上方，並由水平向下摺 45 度，吐出滴水。垂直木作窗框兩側均作金屬泛水板，與內牆之防潮膜銜接，將水帶出。深窗從清水磚面後退約兩磚長度，約 440 mm 深，清水磚轉進窗洞一磚之深，22 mm，在飾以一磚之深的實木飾板。窗戶由固定玻璃與可開合之木作窗扇組成，強調立面的垂直性，並提供有效的自然通風。建築物的正立面與樑樑處藏室外遮陽捲簾，垂直窗框外側的飾板後方亦藏捲簾軌道，以精緻的細部設計處理東西向的遮陽與採光。窗台樑度由大塊實木作成既深且斜之洩水，表面覆以擠型鋁板，銜接豎砌（rowlock）之清水磚樑度兼滴水。

德國艾森的辦公室建築是一棟基地配置敏感，構造系統與功能系統緊密扣合，結構系統自明性高，細部設計精緻，傳統工法熟練，材料使用整體建築現代感十足的設計案。

圖 4-45 / 圖 4-46

Office building in Essen
Window Detail

1	暖氣		1	CONVECTOR HEATING UNDER GRATING
2	地毯		2	CARPET
3	輕質混凝土		3	SCREED
4	隔音材		4	IMPACT SOUND INSULATION
5	鋼筋混凝土		5	REINFORCED CONCRETE FLOOR SLAB
6	防潮膜		6	SEPARATING MEMBRANE
7	承重水泥塊牆		7	CALCIUM SILICATE BRICKWORK
8	石膏灰泥		8	GYPSUM PLASTER
9	雙層玻璃窗		9	DOUBLE-GLAZED WINDOWS
10	防水膜		10	WATERPROOFING MEMBRANE
11	隔熱材		11	THERMAL INSULATION
12	裝飾面磚		12	FACING BRICKWORK
13	鋼筋混凝土楣梁		13	REINFORCED CONCRETE LINTEL
14	金屬泛水板		14	FLASHING

圖板 4-9 Office Building in Essen,Germany 1996

四、Housing in Berlin,Germany

Architect: Tim Heide and Verena Von Beckerath of

Heide, von Beckerath, Alberts, Berlin

圖 4-47

　　柏林公寓是在一住宅開發區內最後填入的兩棟公寓。兩棟都是四層雙拼的住宅建築，無電梯（walk-up），二樓以上為三房單元，地面層單元較小，梯間、濕區、與服務性空間集中在兩戶間的縱向帶狀區，正立面面街，背立面作全幅（full width）陽台與落地窗，面對社區的中庭花園。建築物的主結構是 RC 造，正立面為糙面清水磚裝飾牆，設垂直絞鍊式往內開木製玻璃門，門外設垂直隔柵欄干，與外掛式軌道拉合鐵門（slider），提供住宅鄰街面的私密性，以及冬季保溫，夏季隔熱之功能。

　　外牆構造分成「內層結構牆」與「外層裝飾牆」，中間夾空氣層，內層結構牆由 175 mm 厚水泥空心磚疊成，依結構需求，可於空心磚內側置入鋼筋混凝土（圖 xx）。外層裝飾牆由 115 mm 厚清水磚疊成，內外兩層牆間隔 100 mm，內置 60 mm 厚岩棉隔熱材，餘 40 mm 空縫。結構牆與裝飾牆之間以防鏽金屬繫件固定，將風力由裝飾牆均勻傳至後方結構牆。內層結構牆之開窗處，上方設熱浸鍍鋅防鏽角鋼楣樑，

楣樑亦可由「倒ㄇ字型」水泥空心磚，內加鋼筋混凝土，以臨時鷹架支撐完成，兩種工法，均可由磚工一人獨力施作。清水磚裝飾牆的開窗，楣樑的處理方式與後方水泥空心磚牆之開窗相同，以熱浸鍍鋅角鋼「鬆跨」於兩側清水磚牆上。

　　裝飾外牆的防水設計，是在內層水泥空心磚牆的面室外面塗佈防潮膜，楣樑處，置放金屬泛水板，於清水磚下方鍍鋅角鋼前緣，作 45 度滴水，將空縫內積水排出。然而，固定於水泥空心磚牆上的木窗框，在楣樑處，木窗框與前方角鋼留有空隙約 40 mm，未能收掉，解決此問題，可將 80x130x10 mm 之角鋼加大 40mm，改成 80x170x10 mm 之角鋼即可。垂直窗框兩側之清水磚面，因為需容納軌道式鐵門，因此一前一後，左側窗框緊貼於磚牆開口後方，右側窗框則於磚牆開口後方填入木條，將空隙收掉，兩側窗框均沒有作金屬泛水板接續內牆之防潮布，此窗有漏水之虞。檻度處的防水設計審密，延伸的鋁擠型泛水板覆蓋下方清水磚，將雨水帶離牆面排走，並於兩側往上摺一皮磚高，並咬進側磚，重疊下方與內牆面防潮布接合之泛水板，完成檻度之防水設計。外掛之欄杆、拉門、軌道等均採乾式組裝，加強元件之強度，減少固定件數量，與穿透防水層之次數。

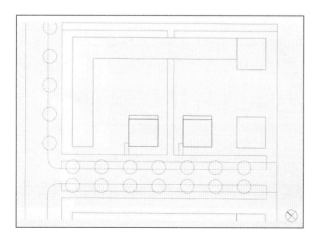

圖 4-48 / 圖 4-49

圖 4-50

Housing in Berlin
Window Detail

1	隔熱材防潮布		1	SEPERATING MEMBRANE
2	隔熱材（岩棉）		2	MINERAL-WOOL INSULATION
3	防水膜		3	WATERPROOFING MEMBRANE
4	水泥磚		4	SANDLIME BRICK
5	鍍鋅 L 型角鋼		5	STEEL ANGLE LINTEL
6	雙層玻璃窗		6	DOUBLE-GLAZED WINDOWS
7	裝飾面磚		7	FACING BRICKWORK
8	金屬泛水板		8	FLASHING
9	地坪		9	FLOORING
10	水泥粉光		10	SCREED
11	防潮膜		11	SEPARATING MENBRANE
12	隔熱材		13	THERMAL INSULATION
13	鋼筋混凝土		14	REINFOCRED CONCRETE FLOOR SLAB

圖板 4-10 Housing in Berlin,Germany

五、結論

前文選擇的四件作品，均為清水磚裝飾磚造設計，亦即複合式空縫外牆工法，內側的功能牆除了提供外牆結構外，並且對外牆的防水與隔熱作系統性的設計，完整外牆的基本功能。相較國內的案例，有以下諸項值得我們借鏡。

1. 系統性的思考防水設計與隔熱設計。

2. 內牆牆面必須作防潮膜，並於開口處結合金屬泛水板（flashing），在外牆的剖面上，建立無間斷之防水線。在此線以內為乾區，在此線以外則為濕區，包括清水磚，隔熱材等。

3. 金屬泛水板的功能是將水帶出空縫（cavity）。

4. 穿過清水磚牆的泛水板須採用金屬材料，避免磚牆內部的微型運動磨損　軟性的泛水板材料。

5. 防水材料應使用軟性材料，例如：填縫劑，瀝青，自黏式防水毯。常用之防水水泥仍會龜裂，基本上不可靠。

6. 空縫雙層牆為兩獨立之牆，通常內牆為結構牆，外牆為裝飾牆，金屬繫件將風力從外牆傳至內牆，內外牆之自重於樓板處傳至大樑，完成結構行為之清晰性與合理性。國內的設計案重力與風力在概念上常混為一談。

第五章　裝飾磚造的材料與工法規範

第 04211 章　砌紅磚

1. 通則

1.1　本章概要

說明砌紅磚之材料、施工及檢驗之相關規定。

1.2　工作範圍

凡建築物主體部分牆身（含補強梁柱）及附屬構造物如圍牆、水溝等圖示為砌紅磚者。

1.3　相關章節

　1.3.1　第 01330 章 -- 資料送審

　1.3.2　第 01450 章 -- 品質管理

　1.3.3　第 04061 章 -- 水泥砂漿

　1.3.4　第 04090 章 -- 圬工附屬品

1.4　相關準則

　1.4.1　中華民國國家標準（CNS）

　　（1）CNS 61　　卜特蘭水泥

　　（2）CNS 382　　普通磚

　　（3）CNS 3001　　圬工砂漿用粒料

　1.4.2　目的事業主管機關再利用規定

　　（1）內政部營建事業廢棄物再利用種類及管理方式

　　（2）經濟部事業廢棄物再利用種類及管理方式

1.5　品質保證

1.6　資料送審

　1.6.1　品質管理計畫書

　1.6.2　施工計畫

　1.6.3　樣品：擬採用之紅磚至少 8 塊。

　1.6.4　提供材料符合規定之證明文件。

1.7　運送、儲存及處理

　1.7.1　運送至現場之磚塊應完好無缺角，搬運磚塊應防止斷角及破裂。

　1.7.2　產品應保持乾燥，並與土壤隔離。

2. 產品

2.1 材料

2.1.1 水泥砂漿

水泥砂漿所用之水泥需符合 CNS 61，砂需符合 CNS 3001 及本施工規範有關混凝土工程之相關規定。除另有規定，均以容積單位 1 份水泥及 3 份乾砂之配比加適量清水，隨拌隨用。水泥砂漿拌和後應在 1 小時內用完，逾時不得使用。

2.1.2 紅磚

紅磚係以黏土為原料燒製而成，亦可使用符合中央目的事業主管機關再利用規定之再生材料為原料。包括水庫淤泥、自來水淨水場污泥、燃煤飛灰、石材廢料、廢玻璃、營建剩餘土等。紅磚須燒製良好、形狀整齊、稜角方正、色澤均勻、無裂痕之成品，並須符合 CNS 382 之「一種磚」規定，進場紅磚須經工程司檢驗核可，不合規定紅磚料應即運離工地。

3. 施工

3.1 準備工作

3.1.1 磚塊於砌築前應充分濕潤，以使砌築時不吸收水泥砂漿內水份為宜。

3.1.2 砌牆位置須按圖先畫線於地上，並將每層磚牆逐層繪於標尺上，然後據以施工。

3.1.3 清除施工面之污物、油脂及雜物。

3.1.4 確認所有管線開孔及埋設物的位置。

3.2 施工方法

3.2.1 圖上如未特別註明，所用磚牆以一層丁磚一層順磚相間疊砌。

3.2.2 砌磚時各接觸面應塗滿水泥砂漿，每塊磚拍實擠緊。外牆在下雨時，雨水不得滲入屋內。磚縫不得大於 10 mm 或小於 8 mm，且應上下一致。且磚砌至頂層需預留 2 層磚厚，改砌成傾斜狀如此填縫較易。磚縫填滿灰漿後並於接觸面加舖龜格網，減少裂隙。

3.2.3 砌磚時應四周同時並進，每日所砌高度不得超過 1 m，收工時須砌成階梯形，其露出於接縫之水泥砂漿應在未凝固前刮去，並用草蓆遮蓋妥善養護。

3.2.4 牆身及磚縫須力求平直，並隨時用線錘及水平尺校正，牆面發現不平直時，須拆除重做。

3.2.5 牆內應裝設之鐵件或木磚均須於砌磚時安置妥善。

3.2.6 新做牆身勒腳、門頭、窗盤、簷口、壓頂等突出部份應加以保護。清水磚牆如發現有損壞之處須拆除重砌，不得填補。

3.3 補充規定

3.3.1 1B 磚牆：長度在 450 cm 以上，高度超過 350 cm 時，須加補強梁。高度在 360 cm 以上，長度超過 450 cm 時，須加補強柱。

3.3.2 1/2B 磚牆：長度在 300 cm 以上，高度超過 300 cm 時，須加補強梁。高度在 300 cm 以上，長度超過 300 cm 時，須加補強柱。

3.3.3 門窗開口寬度在 70 cm 以上時，開口頂部須加楣梁，楣梁突出，開口二側各 30 cm 以上。

3.3.4 過梁、楣梁及補強梁柱，厚度與磚壁相同，深度或寬度不得小於 30 cm。

3.3.5 補強梁柱之鋼筋配置如設計圖說無說明者應依下列規定：

（1） 1B 磚牆者應放 10 mm 鋼筋 4 根，用 10 mm 箍筋間隔 25 cm。

（2） 1/2B 磚牆者應放 10 mm 鋼筋 2 根，用 10 mm 直筋固定間隔 25 cm。

（3） 楣梁部份應放 13 mm 鋼筋 4 根，用 10 mm 箍筋間隔 25 cm。

3.3.6 砌築時應與其他水電工程配合，預留洞位或砌入套管。若須開鑿洞口管槽時，開鑿工作及因開鑿所產生之污物清除工作由該開鑿單位辦理，但在裝配完畢後，圬工應負責修補完好，不得藉詞推諉或增加造價。

3.4 檢驗

3.4.1 依規定進行產品及施工檢驗，項目如下：

名　　稱	檢驗項目	依據之方法	規範之要求	頻　　率
一種磚	抗壓強度	CNS 382	300kgf/cm^2 以上	[每批進場檢驗 1 次]
	吸水率		13%以下	
	尺度（長＊寬＊高）		200 ＊ 95 ＊ 53	
	許可差		±1.5%	

4. 計量與計價

4.1 計量

砌紅磚包括水泥砂漿、圬工配件等，依契約圖說所示，以平方公尺計量。

4.2 計價

本章所述工作包括所有人工、材料、工具、機具、設備、運輸、伸縮縫、水泥砂漿、圬工配件及其他為完成本工作所必需之費用在內。

第 04220 章　混凝土磚

1. 通則

1.1　本章概要

　　說明混凝土磚之材料、施工與檢驗之相關規定。

1.2　工作範圍

　　凡土木建築物牆身及附屬構造物包括圍牆等，於設計圖說註明為砌混凝土磚者。

1.3　相關章節

　　1.3.1　第 01330 章 -- 資料送審

　　1.3.2　第 01450 章 -- 品質管理

　　1.3.3　第 03210 章 -- 鋼筋

　　1.3.4　第 04061 章 -- 水泥砂漿

　　1.3.5　第 04090 章 -- 圬工附屬品

1.4　相關準則

　　1.4.1　中華民國國家標準（CNS）

　　　　（1）　CNS 2220　　　砂灰磚

　　　　（2）　CNS 8905　　　建築用混凝土空心磚

　　　　（3）　CNS 12964　　　裝飾混凝土磚檢驗法

1.5　品質保證

　　1.5.1　混凝土空心磚之抗壓強度需符合 CNS 8905 之試驗規定。

　　1.5.2　先送樣品經工程司核可始得採用。樣品通過後，各型式混凝土磚應砌築足以代表完工後外露之樣品牆 1 道（200 cm 高 × 200 cm 寬），並予清理乾淨。樣品牆之檢查範圍，包括色澤變化、質地、勾縫、施工之牢固、表面清潔與本工程有關之圬工附件及本章其他規定。潔淨的樣品牆須先獲得工程司認可後始得進行砌築。施工期間保護樣品牆使免於受損。混凝土磚驗收後，依工程司指示拆除樣品牆，或作為永久性工程之一部分。

　　1.5.3　不吸水性（Water Repellency）：於需要不吸水性混凝土磚之工程，應使落在混凝土磚表面之水滴，至少在四小時內，不被混凝土磚所吸收；若水分經蒸發且不被混凝土磚所吸收時，會在原水滴位置上出現漬斑。

1.6 資料送審

    1.6.1   品質管制計畫書

    1.6.2   施工計畫

    1.6.3   樣品：各型外露混凝土磚，承包商應提送完整樣品各 3 個，以說明磚塊之製造水準及色澤、質地之變化程度。

    1.6.4   材料符合規定之證明文件。

1.7 運送、儲存及處理

    1.7.1   運送至現場之產品應完好無缺。

    1.7.2   產品應保持乾燥，並與地面、土壤隔離，並保持適當之距離。

    1.7.3   磚塊搬運，應防止斷角及破裂。

1.8 維護及保養

    1.8.1   每天收工時，用乾淨之防水布覆蓋曝露於室外之混凝土磚，以保護其表面。

    1.8.2   砌築之混凝土磚牆應於 48 小時內養護。

    1.8.3   易受水及圬工清潔劑損壞之表面及製品應加以保護。

2. 產品

2.1 材料

    2.1.1   混凝土磚之型式、尺度、輕質或重質按設計圖說指示或工程司指定。

    2.1.2   空心承重混凝土磚需符合 CNS 8905，C 種普通重質空心磚之規定。

    2.1.3   空心非承重混凝土磚需應合 CNS 8905，A 種普通輕質空心磚規定。

    2.1.4   實心承重混凝土磚需符合 CNS 2220，一等磚之規定。

3. 施工

3.1 準備工作

    3.1.1   清除磚塊表面及施工面之污物、油脂及雜物。

    3.1.2   確認所有管線開孔及埋設物位置。

    3.1.3   混凝土磚砌造時，應保持乾燥狀況，不使受潮，更不得澆濕。

3.2 施工方法

    3.2.1   施工圖上如未特別註明，所用磚牆概用英國式砌法，即一皮丁磚一皮順磚相間疊砌。

3.2.2　砌磚時各接觸面應塗滿水泥砂漿，每塊磚拍實擠緊。外牆在下雨時不得滲水致滲入屋內。磚縫不得超過 10 mm 小於 8 mm，磚縫填滿灰漿後並於接觸面加舖龜格網，減少裂隙。

3.2.3　砌磚時應四周同時並進，每日所砌高度不得超過 1m，收工時須砌成階梯形，其露出於接縫之灰漿應在未凝固前刮去，並用覆蓋物妥善養護。

3.2.4　牆身及磚縫須力求平直，並隨時用線錘及水平尺校正，牆面發現不平直時、須拆除重做。

3.2.5　牆內應裝設之鐵件或木磚均須於砌磚時安置妥善，木磚應為楔形並須塗柏油兩度以防腐朽。

3.2.6　新做牆身勒腳、門頭、窗盤、簷口、壓頂等突出部份應加以保護，清水磚牆如發現有損壞之處須拆除重砌，不得填補。

3.2.7　混凝土磚牆在水平及垂直方向均須加補強鋼筋，其數量及尺度應按設計圖說辦理，如圖上未予註明時，垂直方向以 D =13 mm 鋼筋，間距 80 cm，上下兩端插入過梁或基礎內 20 cm。水平方向以 D =6 mm 光面鋼筋做成網形補強，每隔 3 層補強之。插有鋼筋之孔洞內應灌入 175kgf/cm^2 之混凝土。粗粒料之最大粒徑視混凝土孔洞之大小由工程司指示之。每日疊砌不超過 5 層，混凝土磚牆面須保持清潔，不得有砂漿污面。

3.3　清理

3.3.1　砂漿初凝後才可清潔磚塊。

3.3.2　清潔磚塊前，應將磚面鄰近可能被清潔劑損傷之表面加以保護。

3.3.3　砌築完成之磚塊及砂漿表面應清潔且不應有砂漿塊、變色、污斑污跡。

4. 計量與計價

4.1　計量

4.1.1　本章內之附屬工作項目如水泥砂漿、圬工配件將不作計量計價，但應包含於相關項目之費用內。

4.1.2　計量方法

混凝土磚依契約圖說所示之施工面積，以平方公尺計量。

4.2　計價

4.2.1　本章所述工作依工程詳細價目表所列契約單價計價。

第 04820 章　加勁坵工組裝

1. 通則

1.1　本章概要

說明加勁磚牆砌築之材料、施工與檢驗等之相關規定。

1.2　工作範圍

1.2.1　依據契約及設計圖示之規定，凡使用於建築物主體部分牆身（含補強梁柱）及附屬構造物如隔間牆、圍牆、水溝等圖示為加勁磚牆砌築者均屬之。

1.2.2　如無特殊規定時，工作內容應包括但不限於磚塊、水泥砂漿、補強件、坵工配件、砌築、清水磚牆之嵌（勾）縫及必要之清理等。

1.3　相關準則

1.3.1　中華民國國家標準（CNS）

（1）　CNS 382 R2002　建築用普通磚

（2）　CNS 1010 R3032　水硬性水泥墋料抗壓強度檢驗法（用 50mm 或 2” 立方試體）

（3）　CNS 1011 R3033　水硬性水泥墋料抗拉強度檢驗法

（4）　CNS 1178 A3042　混凝土空心磚檢驗法

（5）　CNS 1237 A3050　混凝土拌和用水試驗法

（6）　CNS 2220 A2034　砂灰磚

（7）　CNS 8905 A2137　混凝土空心磚

（8）　CNS 12963 A2250　裝飾混凝土磚

1.3.2　美國材料試驗協會（ASTM）

1.3.3　其他相關之規定 JIS、DIN、UL、BS 等

1.4　資料送審

1.4.1　品質管理計畫

1.4.2　施工計畫

1.4.3　廠商資料

1.4.4　樣品

擬採用之磚塊製品之樣品至少 8 塊。

1.4.5　實品大樣

承包商應製作實品大樣 200 cm x 200 cm，經核可後方得大批製作。

1.5 品質保證

1.5.1 磚塊、龜殼鐵絲網及水泥砂漿等之品質應符合本章相關之規定。

1.5.2 依照本章相關準則之規定,提送供料或製造廠商之出廠證明文件及保證書正本。

1.6 運送、儲存及處理

1.6.1 運送至現場的磚塊應完好無缺,搬運磚塊應防止斷角及破裂,不合規定之材料應即運離工地。

1.6.2 產品應儲存於室內、離樓地板及牆面至少 10 cm,且通風良好不受潮之地點,並與地面、土壤隔離;必要時應予以覆蓋,並指定適當之人員管理。

2. 產品

2.1 材料

除另有規定時,本章工作所用材料均須符合下列規定:

2.1.1 水泥砂漿

應符合 CNS 1010 R3032、CNS 1011　R3033 及本規範第 04061 章「水泥砂漿」之規定。

2.1.2 磚塊

磚牆之磚塊材料應包含但不限於:

(1)黏土磚類:依設計圖之規定。

(2)混凝土磚:依設計圖及本規範第 04220 章「混凝土磚」之規定。

(3)矽酸鈣磚:依設計圖之規定。

(4)藝術手工磚:依設計圖及本規範第 04240 章「高壓蒸氣養護輕質氣泡混凝土磚」之規定。

(5)氣泡混凝土磚:依設計圖之規定。

(6)石膏磚:依設計圖之規定。

(7)玻璃磚:依設計圖及本規範第 04270 章「玻璃磚」之規定。

(8)水泥砂漿磚:依設計圖之規定。

(9)泥磚:依設計圖之規定。

3. 施工

3.1 準備工作

3.1.1 黏土磚於砌築前應充分灑水，以使砌築時不吸收灰漿內水分為度。

3.1.2 清除磚塊表面及施工面之污物、油脂及雜物。

3.1.3 其砌磚位置須按圖先劃線於地上，並將每皮磚牆逐皮繪於標尺上，然後據以施工。

3.1.4 確認所有管線開孔及埋設物的位置。

3.2 施工方法

3.2.1 圖上如未特別註明，所用黏土磚及實心混凝土磚磚牆一概用英國式砌法，即一皮丁磚一皮順磚相間疊砌。其他磚牆則採用垂直順磚砌築。

3.2.2 砌磚時各接觸面應塗滿水泥砂漿，每塊磚拍實擠緊。磚縫填滿灰漿後並於接觸面加舖龜殼鐵絲網，加強結構並減少牆面裂隙。

3.2.3 磚縫應上下一致並不得超過 10 mm 或小於 8 mm。磚砌至頂層時，需預留二皮以上磚厚，改砌成傾斜狀以使灰漿砌築之填實較易。外牆在下雨時不得砌築，必要時，應另搭防雨棚架防止雨水滲入室內。

3.2.4 砌磚時應四週同時並進，每日所砌高度不得超過 1 m，收工時須砌成階梯形，其露出於接縫之灰漿應在未凝固前刮去，並用 [草蓆][工程司核可] 之覆蓋物妥善遮蓋養護。

3.2.5 牆身及磚縫須力求平直，並應拉水準尼龍線或隨時用線錘及水平尺校正，牆面發現不平直時，須拆除重做。

3.2.6 牆內應埋設之鐵件或木磚均須於砌磚時預理安置妥善，木磚應為楔形並須塗柏油兩度以防腐朽。

3.2.7 新做牆身勒腳、門頭、窗盤、簷口、壓頂等突出部份應加以保護。清水磚牆如發現有損壞之處須拆除重砌，不得填補。

3.2.8 與相關聯之他項工程接合施工

（1） 與結構體接合施工

A. 磚牆與 RC 牆、柱接合部位，須預留 1.5 cm 伸縮縫，並每隔一層以可伸縮鐵件連接補強。

B. 磚牆與梁底或版底間須預留 1.5 cm 之伸縮縫，作為彈性伸縮空間。

（2） 與門窗框安裝之施工

A. 磚牆與木門框間之固定，除以水泥砂漿黏著外，並須於每 10 皮磚上利用不銹鋼或鍍鋅之 L 型鐵件]，尺寸為 50 mm × 50 mm × 1.5 mm 固定之。

B. 門窗之安裝應於砌磚前預留門窗位置，安裝時利用鐵件固定於磚牆上，再以填縫劑嵌補縫隙。

C. 門窗上緣須選用楣梁或槽鋼加以補強。

D. 大型門窗之安裝，應以固定繫件、角鋼或槽鋼於門窗框上下緣及每隔 45cm 處完全固定於結構體上。門窗框四周應預留 1.0 cm 伸縮縫，表面再以彈性填縫劑填充。

（3） 與水電設備管線之配合施工

A. 應符合本規範相關章節之規定與其他相關之機電工程配合，預留洞位或砌入套管。

B. 間隔牆放樣完成後，應檢查預留之管線位置。

C. 砌磚前管道間、豎管、水平吊管應先配管完成。

D. 砌磚牆時應配合地坪所預留之管線位置。埋入管線之外緣與磚牆表面應至少保持

20 mm 之淨距。

E. 磚牆築砌完成應俟水泥砂漿完全乾固（約 24 小時），再進行設備管線之開槽。

F. 水電施工時應避免破壞超過 1/2 以上之厚度，以免影響其結構強度，若為水平溝槽則避免破壞超過 1/3 以上之厚度。

G. 砌磚與配管完成後，所有管線溝槽及空隙以磚塊之填補材或以 1：4 之水泥砂漿填補至八分滿再舖設 FRP 纖維網及水泥砂漿補平。

H. 若須開鑿洞口管槽時，依本地施工慣例，其開鑿工作及因開鑿所產生的污物清除工作應由該提議之相關機電工程承包商辦理，但在裝配完畢後，砌磚圬工應負責修補完好，不得藉詞推諉或增加造價。

I. 體積過大之電源配電箱及消防設施安裝、填補時須加強舖設鐵絲網於背面補強。

3.3 法規規定

應依據本規範相關章節之規定，如有未盡之處應另依「建築技術規則（CBC）」建築構造篇第六節加強磚造及下述規定辦理：

3.3.1 1B 磚牆

（1） 長度大於 450 cm 以上時，應加做補強柱。

（2） 高度大於 350 cm 以上時，應加做補強樑。

3.3.2　1/2B 磚牆

（1）　長度大於 300 cm 以上時，應加做補強柱。

（2）　高度大於 300 cm 以上時，應加做補強樑。

3.3.3　門窗開口寬度在 30 cm 以上時，開口頂部須加楣梁，楣梁突出開口二側各 30 cm 以上。

3.3.4　過梁、楣梁及補強梁柱，厚度與磚壁相同，深度或寬度不得小於 20 cm。

3.3.5　補強梁柱之鋼筋配置如設計圖無說明者應依下列規定：

（1）　1B 磚牆者應放 16 mm 鋼筋四根，用 10 mm 箍筋間隔 25 cm。

（2）　1/2B 磚牆者應放 10 mm 鋼筋二根，用 10mm 直筋固定間隔 25 cm。

（3）　楣梁部份應放 13 mm 鋼筋四根，用 10 mm 箍筋間隔 25 cm。

4. 計量與計價

本章之工作依契約項目或併入相關章節之適用項目內計量與計價。

第 04830 章　非加勁圬工組裝

1. 通則

1.1　本章概要

說明非加勁圬工組裝磚牆砌築之材料、施工與檢驗等之相關規定。

1.2　工作範圍

1.2.1　依據契約及設計圖示之規定，凡使用於建築物主體部分牆身（含補強梁柱）及附屬構造物如隔間牆、圍牆、水溝等圖示為非加勁圬工組裝磚牆砌築者均屬之。

1.2.2　如無特殊規定時，工作內容應包括但不限於磚塊、水泥砂漿、圬工配件、砌築、清水磚牆之嵌（勾）縫及必要之清理等。

1.3　相關準則

1.3.1　中華民國國家標準（CNS）

（1）　CNS 382 R2002　建築用普通磚

（2）　CNS 1010 R3032　水硬性水泥墁料抗壓強度檢驗法（用 50mm 或 2" 立方試體）

（3）　CNS 1011 R3033　水硬性水泥墁料抗拉強度檢驗法

（4） CNS 1178 A3042　混凝土空心磚檢驗法

（5） CNS 1237 A3050　混凝土拌和用水試驗法

（6） CNS 2220 A2034　砂灰磚

（7） CNS 8905 A2137　混凝土空心磚

（8） CNS 12963 A2250 裝飾混凝土磚

1.3.2　美國材料試驗協會（ASTM）

1.3.3　其他相關之規定 JIS、DIN、UL、BS 等

1.4　資料送審

1.4.1　品質管理計畫

1.4.2　施工計畫

1.4.3　廠商資料

1.4.4　樣品

擬採用之磚塊製品之樣品至少 8 塊。

1.4.5　實品大樣

承包商應製作實品大樣 200 cm x 200 cm，經核可後方得大批製作。

1.5　品質保證

1.5.1　磚塊及水泥砂漿等之品質應符合本章相關之規定。

1.5.2　依照本章相關準則之規定，提送供料或製造廠商之出廠證明文件及保證書正本。

1.6　運送、儲存及處理

1.6.1　運送至現場的磚塊應完好無缺，搬運磚塊應防止斷角及破裂，不合規定之材料應即運
離工地。

1.6.2　產品應儲存於室內、離樓地板及牆面至少 10 cm，且通風良好不受潮之地點，並與地
面、土壤隔離；必要時應予以覆蓋，並指定適當之人員管理。

2. 產品

2.1　材料

除另有規定時，本章工作所用材料均須符合下列規定：

2.1.1　水泥砂漿

應符合 CNS 1010 R3032、CNS 1011 R3033 及本規範第 04061 章「水泥砂漿」之規定。

2.1.2　磚塊

磚牆之磚塊材料應包含但不限於：

（1）黏土磚類：依設計圖之規定。

（2）混凝土磚：依設計圖及本規範第 04220 章「混凝土磚」之規定。

（3）矽酸鈣磚：依設計圖之規定。

（4）藝術手工磚：依設計圖及本規範第 04240 章「高壓蒸氣養護輕質氣泡混凝土磚」之規定。

（5）氣泡混凝土磚：依設計圖之規定。

（6）石膏磚：依設計圖之規定。

（7）玻璃磚：依設計圖及本規範第 04270 章「玻璃磚」之規定。

（8）水泥砂漿磚：依設計圖之規定。

（9）泥磚：依設計圖之規定。

3. 施工

3.1 準備工作

3.1.1 除黏土磚於砌築前應充分灑水，以使砌築時不吸收灰漿內水分為度。其他磚塊一律不得澆水或浸水處理。

3.1.2 清除磚塊表面及施工面之污物、油脂及雜物。

3.1.3 其砌磚位置須按圖先劃線於地上，並將每皮磚牆逐皮繪於標尺上，然後據以施工。

3.1.4 確認所有管線開孔及埋設物的位置。

3.2 施工方法

3.2.1 圖上如未特別註明，所用黏土磚及實心混凝土磚磚牆一概用英國式砌法，即一皮丁磚一皮順磚相間疊砌。其他磚牆則採用垂直順磚砌築。

3.2.2 砌磚時各接觸面應塗滿水泥砂漿，每塊磚拍實擠緊。磚縫應上下一致並不得超過 10 mm 或小於 8 mm。磚縫填滿灰漿後並於接觸面加鋪龜殼貼絲網，加強結構並減少牆面裂隙。

3.2.3 磚砌至頂層時，需預留二皮以上磚厚，改砌成傾斜狀以使灰漿砌築之填實較易。外牆在下雨時不得砌築，必要時，應另搭防雨棚架防止雨水滲入室內。

3.2.4 砌磚時應四週同時並進，每日所砌高度不得超過 1 m，收工時須砌成階梯形，其露出於接縫之灰漿應在未凝固前刮去，並用草蓆妥善遮蓋養護。

3.2.5 牆身及磚縫須力求平直，並應拉水準線尼龍線或隨時用線錘及水平尺校正，牆面發現

不平直時，須拆除重做。

3.2.6 牆內應埋設之鐵件或木磚均須於砌磚時預埋安置妥善，木磚應為楔形並須塗柏油兩度以防腐朽。

3.2.7 新做牆身勒腳、門頭、窗盤、簷口、壓頂等突出部份應加以保護。清水磚牆如發現有損壞之處須拆除重砌，不得填補。

3.2.8 與相關聯之他項工程接合施工

（1） 與結構體接合施工

　　A. 磚牆與 RC 牆、柱接合部位，須預留 1.5 cm 伸縮縫，並每隔一層以可伸縮鐵件連接補強。

　　B. 磚牆與梁底或版底間須預留 1.5 cm 之伸縮縫，作為彈性伸縮空間。

（2） 與門窗框安裝之施工

　　A. 磚牆與木門框間之固定，除以水泥砂漿黏著外，並須於每 10 皮磚上利用不銹鋼鍍鋅之 L 型鐵件，尺寸為 50 mm × 50 mm × 1.5 mm 固定之。

　　B. 門窗之安裝應於砌磚前預留門窗位置，安裝時利用鐵件固定於磚牆上，再以填縫劑嵌補縫隙。

　　C. 門窗上緣須選用楣梁或槽鋼加以補強。

　　D. 大型門窗之安裝，應以固定繫件、角鋼或槽鋼於門窗框上下緣及每隔 45cm 處完全固定於結構體上。門窗框四周應預留 1.0 cm 伸縮縫，表面再以彈性填縫劑填充。

（3） 與水電設備管線之配合施工

　　A. 應符合本規範相關章節之規定與其他相關之機電工程配合，預留洞位或砌入套管。

　　B. 間隔牆放樣完成後，應檢查預留之管線位置。

　　C. 砌磚前管道間、豎管、水平吊管應先配管完成。

　　D. 砌磚牆時應配合地坪所預留之管線位置。埋入管線之外緣與磚牆表面應至少保持 20mm 之淨距。

　　E. 磚牆築砌完成應俟水泥砂漿完全乾固（約 24 小時），再進行設備管線之開槽。

　　F. 水電施工時應避免破壞超過 1/2 以上之厚度，以免影響其結構強度，若為水平溝槽則避免破壞超過 1/3 以上之厚度。

　　G. 砌磚與配管完成後，所有管線溝槽及空隙以磚塊之填補材或以 1：4] 之水泥砂漿填補至八分滿再舖設 FRP 纖維網及水泥砂漿] 補平。

H. 若須開鑿洞口管槽時，依本地施工慣例，其開鑿工作及因開鑿所產生的污物清除工作應由該提議之相關機電工程承包商辦理，但在裝配完畢後，砌磚坊工應負責修補完好，不得藉詞推諉或增加造價。

I. 體積過大之電源配電箱及消防設施安裝、填補時須加強舖設鐵絲網於背面補強。

3.3 法規規定

應依據本規範相關章節之規定，如有未盡之處應另依「建築技術規則（CBC）」建築構造篇及下述規定辦理。

3.3.1 1B 磚牆：長度不得超過 450 cm 或高度不得超過 350 cm。

3.3.2 1/2B 磚牆：長度不得超過 300 cm 或高度不得超過 300 cm。

3.3.3 門窗開口寬度在 30 cm 以上時，開口頂部須加楣梁，楣梁突出開口二側各半磚或 30 cm 以上。

3.3.4 過梁、楣梁等，厚度須與磚壁相同，深度或寬度不得小於 30 cm。

4. 計量與計價

本章之工作依契約項目或併入相關章節之適用項目內計量與計價。

第 05081 章 熱浸鍍鋅處理

1. 通則

1.1 本章概要

本章說明鍍鋅鋼材所需鍍鋅之材料、設備、施工、檢驗等相關規定。

1.2 工作範圍

凡契約圖說規定熱浸鍍鋅鋼材所需鍍鋅之一切人工、材料、機具與機械設備、動力、試驗等均為工作範圍。

1.3 相關章節

1.3.1 第 01330 章 -- 資料送審

1.3.2 第 01450 章 -- 品質管理

1.3.3 第 01610 章 -- 基本產品需求

1.3.4 第 05090 章 -- 金屬接合

1.4 相關準則

1.4.1 中華民國國家標準（CNS）

（1） CNS 202 H2005 鋅金屬分析法

（2） CNS 1244 G3027 熱浸法鍍鋅鋼片及鋼捲

（3） CNS 1247 H2025 熱浸法鍍鋅檢驗法

（4） CNS 4934 K2085 伐銹底漆

（5） CNS 8503 H3102 熱浸法鍍鋅作業方法

（6） CNS 10007 H3116 鋼鐵之熱浸法鍍鋅

（7） CNS 14771 A2283 鋼筋混凝土用熱浸鍍鋅鋼筋

1.4.2 美國材料試驗協會（ASTM）

（1） ASTM A385 Standard Practice for Providing High-Quality zinc Coating（Hot-Dip）

（2） ASTM A780 Standard Practice for Repair of Damaged and Uncoated Areas of Hot-Dip Galvanized Coatings

1.5 資料送審

1.5.1 施工計畫書

1.5.2 品質管理計畫書

1.5.3 熱浸鍍鋅廠廠商說明

1.5.4 材料樣品之送審依契約規定。

2. 產品

2.1 材料

2.1.1 鋅料

依 CNS 8503 第 2.2 節及第 5.3 節之規定。

2.1.2 螺栓

本工程所用經熱浸鍍鋅處理之螺栓、螺帽、墊圈，其鍍鋅附著量依 CNS 10007 第 3.2 節之規定，螺帽之擴孔（tapped oversize）不得大於 0.8mm，螺帽於鍍鋅後出貨前須經潤滑處理。

3. 施工

3.1 一般規定

3.1.1
擬鍍鋅之鋼材，均應於裁切、衝孔或鑽孔等製作工作完成校對無誤後再行鍍鋅，鍍鋅之後，除必要之變形矯正及鍍鋅缺陷之修補外，不得再行裁切或打孔。

3.1.2
除設計圖說另有規定外，鍍鋅層之附著量依 CNS 10007 第 3.2 節之規定。

3.1.3
鍍鋅構材之鍍鋅層，應進行：

（1） 附著量試驗。

（2） 密著性試驗。

（3） 膜厚試驗。

（4） 機械試驗。

3.2 熱浸鍍作業

（1）依 CNS 8503 之規定。

（2）鍍鋅表面應平滑，不得具有使用上有害之缺陷。

（3）熱浸鍍鋅後之物件，經溫水冷卻後，必須經鋅滴整理步驟以除去不必要之垂滴，並經檢視合於規定方可算全部完成。

3.3 物件鍍鋅前之施作

3.3.1
鍍鋅物件以角鋼、槽鋼或鋼板銲接之重疊面，應將重疊面之邊緣銲封。

3.3.2
管狀製作品、空心結構件、箱型梁等，應有適當之通氣孔，通氣孔位置為每一組件之兩面或對角位置，通氣孔直徑應為內直徑或對角長度之 25% 以上，並符合 ASTM A385 之相關規定。

3.3.3
槽鋼或梁柱上銲接之加勁板或連結板，應事先鑽孔或裁割端角，其大小應足以流通鋅液。

3.3.4
須鍍鋅之物件，銲接時產生之銲碴，應事先加以去除。

3.4 現場品質管制

3.4.1
鍍鋅物件經熱浸鍍鋅後，應作表面潔淨處理。

3.4.2
鍍鋅物件之鍍鋅膜厚須均勻，表面不得有氣泡、裂邊、破孔、裸點、擦痕等致有害之缺陷。

3.4.3
熱浸鍍鋅後之物件表面不得粗糙，如有垂滴現象，應加以修整至不影響鍍鋅品質或安裝需求為主。

3.4.4
熱浸鍍鋅後之物件應防止脆化、翹曲與變形致影響施工品質之情況，若發生翹曲或變

形時，應避免使用熱整方式，以免影響鍍鋅品質。

3.4.5 熱浸鍍鋅後成品應儲放在通風、排水良好的地方，以免鋅因氧化造成白銹（white rust）現象。

3.4.6 鋼筋混凝土構件若使用熱浸鍍鋅鋼筋時，應依 CNS 14771 之規定。

3.4.7 鍍鋅構件，於運送前，應妥為包裝保護，無論運輸或架設時，如有碰擊損壞之鍍鋅面處，亦應以高鋅成分鋅漆，在工程司之准許與指導下修補之，依 ASTM A780 之規定。

3.4.8 熱浸鍍鋅物件若須再加以塗裝，則須經表面處理及選用合金用底漆。

3.5 檢驗

依 CNS 202 及 CNS 1247 之規定。

4. 計量與計價

4.1 計量

除契約有本章工作之單獨計價項目，應照契約規定外，不宜個別計量，其費用應視為相關計價項目內。

4.2 計價

依 4.1 項規定辦理。

第 07110 章 防潮

1. 通則

1.1 本章概要

說明防潮系統工作之材料、施工與檢驗等之相關規定。

1.2 工作範圍

1.2.1 依據契約及設計圖示之規定，凡使用於地面層混凝土地坪、地下室基礎底版下、結構體外牆與外牆面材之間或其他指定必須做、塗液類、水泥基類、膜層類防潮處理者均屬之。

1.2.2 如無特殊規定時，其工作內容應包括但不限於施工前、後之清理、防潮系統本體、上、下層覆蓋之混凝土保護層及其附屬配件等。

1.3 相關章節

1.3.1 第 01330 章 -- 資料送審

1.3.2 第 01450 章 -- 品質管理

1.3.3 第 07111 章 -- 塗液類防潮

1.3.4 第 07112 章 -- 防水水泥砂漿粉刷

1.3.5 第 07113 章 -- 膜層類防潮

1.4 相關準則

1.4.1 中華民國國家標準（CNS）

（1） CNS 1304 K5016 乳化瀝青

（2） CNS 2260 K5030 地瀝青

（3） CNS 3562 K6353 硫化橡膠浸漬試驗法

（4） CNS 6986 A2091 建築防水用聚胺酯

（5） CNS 8641 A2129 屋頂防水用塗膜材料（丙烯酸脂橡膠類）

（6） CNS 8642 A2130 屋頂防水用塗膜材料（氯丁二烯橡膠類）

（7） CNS 8643 A2131 屋頂防水用塗膜材料（丙烯樹脂類）

（8） CNS 8644 A2132 屋頂防水用塗膜材料（橡膠地瀝青類）

（9） CNS 8645 A3145 建築防水用塗膜材料檢驗法

（10）CNS 10144 A3182 建築物防水用合成高分子膠布檢驗法

（11）CNS 10410 A2158 油毛氈、紙

（12） CNS 10411 A3190 油毛氈檢驗法、紙

（13） CNS 10412 A2159 附砂油毛氈、紙

（14） CNS 10414 A2160 織物油毛氈、紙

（15） CNS 10416 A2161 抗拉油毛氈、紙

1.4.2 美國材料試驗協會（ASTM）

屋頂及防水用之飽和瀝青油毛氈與之物之取樣及試驗法

1.5 資料送審

1.5.1 品質管理計畫

1.5.2 施工計畫

1.5.3 防潮系統產品的規格說明、測試數據、安裝及保養說明。

1.5.4 樣品

承包商應提出擬採用之防潮材料及配件至少各 3 組，並經工程司認可。

1.6　品質保證

    1.6.1　證明文件

        由生產防潮系統材料的製造廠商提出文件，證明其產品符合本規範的要求。

    1.6.2　保證

        承作防潮系統之施工廠商須配合承包商向業主保證，該系統依循製造廠商之規定舖設完成，自竣工驗收日起算 5 年內，承包商（含施工及製造廠商）須無償負責修護保固期間的滲漏。

1.7　運送、貯存及處理

    1.7.1　儲存

        材料在儲存時，須為原裝且未開封的，在貯存時須將其用棧板墊高且加蓋以防潮。

    1.7.2　樓板上的擺置

        勿將材料集中放置於樓板以避免超過結構設計載重，且儲放場所應有防止火災發生之完善措施。

1.8　現場環境

    1.8.1　天氣情況

        不得在不利施工的天氣下或氣溫之變化超出製造廠商推荐的範圍時不得施工。僅可在天氣良好時始得進行施工。

2. 產品

2.1　功能

    2.1.1　使用於地面層以上時，應發揮阻絕室外之濕氣、水氣滲透入外牆或屋頂版的功能。

    2.1.2　使用於地面層以下時，應發揮阻絕地面下之濕氣、水氣滲透入地下室外牆及基礎底版的功能。

    2.1.3　具有 [自封閉性]、彈性、伸縮性及防止微生物侵蝕與抗氧化之功能。

    2.1.4　具耐磨擦性、耐磨損性、具耐候性、耐酸、鹼性。

2.2　材料

    2.2.1　塗液類防潮系統，另詳本規範第 07111 章，包括但不限於：

        瀝青塗液材料：應符合 CNS 8644 A2132 之規定。

        橡膠塗液材料：應符合 CNS 8641 A2129 CNS 8642 A2130] 之規定。

        樹脂塗液材料：應符合 CNS 8643 A2131 之規定。

2.2.2　水泥基防潮系統，另詳本規範第 07112 章，包括但不限於：

（1）　水泥基防潮塗刷層：應符合 [CNS][ASTM] 之規定。

（2）　防水水泥漿塗刷層：應符合 [CNS 61 R2001] 之規定。

2.2.3　膜層類防潮系統，另詳本規範第 07113 章，包括但不限於：

（1）　油毛氈防潮層：須符合 CNS 10410 A2158 之規定。

（2）　橡膠膜防潮層：應符合 CNS 10144 A3182 之規定。

（3）　PE 塑膠膜防潮層：應符合 CNS 10144 A3182 之規定。

（4）　非織物防潮層：應符合 [CNS] 之規定。

（5）　其他膜層式防潮層。

2.2.4　附屬配件

（1）　底油（Primers）。

（2）　[玻纖布][非織物]（Woven glass fabrics）。

（3）　瀝青填縫料（Bituminous grouts）。

（4）　彈性膠泥（Plastic cements）。

（5）　保護版（Protection course）。

（6）　封邊或泛水（seals & Flashing）。

3. 施工

3.1　準備工作

3.1.1　施工面處理

防潮系統施工前舖設面應使之乾燥，清除油污、塵屑、碎石等雜物。

3.1.2　舖設防潮系統前，施工廠商應對施工面之實際狀況調查，如有任何妨礙正常施工者，應作適當處理，經工程司認可後方可施工。

3.1.3　礫石級配層表面須先行滾壓平整，對尖銳凸出之礫石須加以清除，或壓平，務求施工面之平整，堅實，乾淨為原則。

3.1.4　現場如遇風沙過大或下雨時不得施工。

3.2　施工方法

3.2.1　塗液類或或水泥基類防潮系統施工前應先打設厚 5 cm 之 PC 混凝土層，待其乾透後方得依廠商建議之方法施作。

3.2.2 地下室地坪 RC 層與級配卵石層之間之防潮系統鋪設必須超越 RC 外牆線外至少 40 cm，並須妥加保護，以便與地下室垂直外牆防水膜相重疊時能保持一清潔表面，以增加二種防潮及防水膜之黏著效用，加強防水功能。

3.2.3 地面層地坪膜層類防潮系統鋪設必須將邊端防潮毯向上翻摺，並轉摺嵌入 PC 混凝土層內，上翻高度以混凝土表面下 3 cm。

3.2.4 防潮系統鋪設妥當後，即可在其上灌製 5 cmPC 混凝土保護層。

4. 計量與計價

本章之工作依契約項目或併入相關章節之適用項目內計量與計價。

第 07121 章　橡化瀝青防水膜

1. 通則

1.1 本章概要

說明橡化瀝青防水膜及其保護層材料、施作及檢驗之相關規定。

1.2 工作範圍

本項工程包括屋面、地下室或其他施工面，設計圖上註明須做防水膜防水處理，包括工具、施工及所有相關材料等。

1.3 相關準則

1.3.1 美國材料試驗協會（ASTM）

（1）　ASTM C272　　夾層構造核心材料之吸水性試驗法

（2）　ASTM D146　　屋頂及防水用之飽合瀝青油毛氈與織物之取樣及試驗法

（3）　ASTM D412　　橡膠拉伸性能試驗法

（4）　ASTM D572　　加熱及加氧之橡膠劣化試驗法

（5）　ASTM D1621　硬質蜂窩狀塑膠壓縮特性試驗法

（6）　ASTM E96　　材料之水蒸汽滲透率試驗法

（7）　ASTM E154　　混凝土板下方止水膜與夾層空間覆地用材料之試驗法

1.4 品質保證

1.4.1 受雇之工作者，須有施作該型式防水膜的經驗。核可之監督者及領班，須對其管理及

指導防水操作負全程之施工責任。

1.4.2　樣品

於現場先行舖設面積約 3 m × 3 m 之樣品以說明舖設技術及方法，俟經工程司認可核准後，方可繼續舖設其他部份。

1.5　資料送審

1.5.1　品質管理計畫書

1.5.2　施工計畫

1.5.3　施工製造圖說

包括搭接、安裝細部圖及材料和施作細節說明。

1.5.4　樣品：包商須提供下列使用於工程中的試樣各 3 個：

（1）　防水膜片：　30cm 正方。

（2）　保護板：每一型 30cm 正方。

1.5.5　證明文件：包商須對其所提供之材料提出符合規定標準的證明文件，並須證明所提供的材料彼此具有相容性。

1.6　運送、儲存及處理

1.6.1　產品運至工地時應是原裝且未曾開啟過。上面須清楚顯示製造商名稱、標記及有效使用期限。

1.6.2　產品須儲存在乾燥環境下，儲存場所應有遮陽及遮雨之設施，儲存材料之容器要直立放置，並須舖設與地表保持 15 公分以上距離之墊板。

1.6.3　產品搬運時須小心處理，以避免容器及產品受到損害。

1.7　現場施作環境

（1）防水層不得於天氣潮濕時，或任何有濕氣的表面上舖設。

（2）除非契約或材料製造商使用說明另有規定，防水層舖設應在氣溫或面層溫度 4°C～40°C 之範圍內施工為宜，於天候不良情況下宜避免施作防水膜工作。

（3）施做防水膜時之通風須良好，通風條件須符合安全需求的相關規定。

1.8　保固

保固期為 5 年，詳細之保固規定由契約另行規定之。

2. 產品

2.1 材料

2.1.1 橡化瀝青防水膜：具堅韌、易彎曲、防水性質之聚乙烯防水膜，並須符合下列各項要求：

特性	數值大小	測試方法
（1） 厚度：	最小 1.5 ㎜	－
（2） 滲水性－ Perms（grains/.SQ.ft/hr/in Hg）	最大為 0.1	ASTM E96 方法 B
（3） 彎曲性－在 4℃時繞 25mm 軸棒彎曲 180°	無變化	ASTM D146
（4） 剝離性質在 100℃加 7 天潮濕狀況下	最小須為 2 kg	
（5） 在 0℃時反覆彎曲	無作用	100 次的反覆操作
（6） 抗穿透強度	最小須為 25	ASTM E154
（7） 抗拉強度	100 kg	ASTM D412 （Die C Modified）

2.1.2 橡化瀝青防水膠

（1）具有溶解性的基材，含合成橡膠、瀝青及其它成份，可鏝平。

（2）老化試驗：依據 ASTM D572 之規定，置於 70 ℃及壓力為 20 kgf/cm² 下之氧氣室內 192 小時後、不得有裂痕、流動、開裂、氣泡分離等現象產生。

（3）滲水性：依據 ASTM E96 之規定，在牛皮紙上塗上 1 mm 厚的乾膜作滲水試驗，不得超過 0.5perm。

（4）應力試驗：塗抹於金屬表面厚 0.05 吋，在 0 ℃時繞 1 吋之軸棒作 5 次 360° 彎曲，不得 有破裂或剝離現象產生。

2.2 保護層材料

2.2.1 混凝土：泡沫混凝土（30 kgf/cm²），或混凝土（140 kgf/cm²）以上，其厚度至少 5 cm，表面須留 1 cm＇ 1.5 cm 之縫，間隔約 6 m＇ 6 m 灌 PU 填縫膠。

2.2.2 保護板：水平或垂直安裝以 2.5 cm 厚（或以上）擠型硬質的聚氯乙稀泡沫膠板製成保護板。依據 ASTM D1621 規定最小須有 1.76 kgf/cm² 之抗壓強度；再依據 ASTM C272 規定吸水率為 0.1%。

2.2.3 保護板黏著劑：依照保護板及防水膜產品製造商之使用規定或建議。

3. 施工

3.1 準備工作

3.1.1 防水膜層須於混凝土施工面先做整體粉光，再經養護後，待混凝土表面完全乾燥並清除污雜物後方可鋪設。

3.1.2 在鋪設防水膜層前及鋪設時，皆應保持表面完全乾燥。

3.1.3 於鋪設防水膜層材料前，應依據防水膜製造商之使用說明，清除表面所有的乳沫、泥灰、突出物、油漬、油脂或其它物質。

3.2 安裝

3.2.1 一般安裝要求

（1）構造物為達水密性防水，修整防水層的表面不得有孔洞、凹凸不平整處、摺疊或皺摺。如果出現了前述的缺點，須依規定加以修補。若防水膜遭受損壞、穿刺或有滲水現象而且修補無效時，須拆換防水膜，其範圍須能滿足構造物之防水。

（2）防水膜須分段施作，鋪設防水膜須從最低處開始做，在底油處理之施工面上將防水膜上之離形紙剝除，以黏著再均勻押著於施工面上，其搭接寬度最少須 15cm 以上。

（3）無論回填完成與否，發生漏水時，應將回填材料移除，切除防水膜並加必要的綴補保護，以確保防水膜的完整。

（4）瀝青底油：施工面應清理乾淨後，全面塗布底油1度，該底油須有2小時之乾燥時間。

（5）橡化瀝青防水膠塗布，除非另有規定，否則凡屋面地坪等水平面均須塗布1層防水膠，防水膠於底油塗布2小時後（或依原廠技術文件規定）始可塗布，並須1次完成，用量應不少於每平方公尺 2kg。

（6）封邊：防水膜之邊端鋪裝時，須按圖示嵌入封邊接縫內，並以填縫膠封閉。

3.3 施工方法

3.3.1 橡化瀝青防水膜系統

（1）在鋪設防水膜前約12小時，須在混凝土表面上塗抹1層瀝青底油；或依據防水膜製造商建議的方式。

（2）將防水膜鋪設在乾淨的防水膠上，以搭接方式將防水膜從低點鋪向高點處，搭接重疊部份至少須為15cm 寬，並須完全地滾壓平整。

（3）陰角、陽角及轉角處應鋪設雙層防水膜片，其底層至少須 30cm 寬，按轉彎之中心線鋪設。陰角應填弧角，陽角則予抹圓。

（4）在施工縫及控制縫處鋪設雙層防水膜片。

（5）在排水孔、柱子及其它突出物附近，鋪設雙層防水膜片並充分地塗布瀝青膠。

3.3.2 品質管理

滲漏之修補，僅可在滲漏處去掉防水膜並重新鋪設，修補區域不得滲水且應具水密

性。

3.3.3 保護

（１） 防水膜表面之防護

A. 在防水膜舖設以後，須立即安置保護層。不得在暴露的防水膜上堆置重物，亦不得在暴露的防水膜上行走及工作。

B. 在安置永久保護層以前應架設臨時的保護。

C. 小心安裝保護層，以免防水工程破裂、撕裂、穿孔或任何損害防水工程之行動。

D. 依契約圖說所示及規定提供防水膜表面之保護。

a. 回填：依契約圖面所示之規定回填土方。

b. 保護層：使用混凝土覆蓋或依契約圖面所示。

4. 計量及計價

4.1 計量

4.1.1 附屬於本章規定的工程如樣品、黏著劑、膠帶、測試及滲漏之修補等不另行計量計價，但應列入於相關的工程項目單價內。

4.1.2 本工程包括封邊保護板（層）、橡化瀝青防水膜，瀝青底油及橡化瀝青防水膠等防水膜有關工作，依契約圖面所示之防水膜面積按平方公尺計量。

4.2 計價

4.2.1 本章工程依工程價目單項目之契約單價給付。

第 07223 章　屋頂聚苯乙烯隔熱

1. 通則

1.1 本章概要

1.1.1 說明聚苯乙烯隔熱（通稱 XPS 板）之材料、施工及檢驗等之相關規定。

1.2 工作範圍

1.2.1 凡為契約設計圖說上註明為聚苯乙烯隔熱，包括一切人工、技術、試驗、配合加工、安裝、組立、清潔、XPS 板材料、附屬材料及施工，以及依工程司指示辦理之材料送驗等工作。

1.3 相關章節

1.3.1 第 01330 章 -- 資料送審

1.3.2 第 01450 章 -- 品質管理

1.4 相關準則

1.4.1 中華民國國家標準（CNS）

（1） CNS 2535 泡沫聚苯乙烯隔熱材料

（2） CNS 2536 泡沫聚苯乙烯隔熱材料檢驗法

1.4.2 美國材料試驗協會（ASTM）

（1） ASTM C203

（2） ASTM C303 或 D1622

（3） ASTM E96/E96M-05

（4） ASTM C518 或 C177

（5） ASTM D1621

1.5 資料送審

1.5.1 品質管理計畫書

1.5.2 施工計畫

內容應包括材料明細表，型錄、儲存方式、施工人員計畫及保護措施等。

1.5.3 施工製造圖

1.5.4 廠商資料

（1） 產品型錄

（2） 提送所採用材料及產品材質等符合規定之試驗證明文件。

（3） 施工用機具及器材等技術文件。

1.5.5 樣品

材料應提送樣品及其配件，應製作約 600 × 600 mm 之樣品各 3 份。

1.6 品質保證

1.6.1 依第 01450 章「品質管理」之規定，提送供料或製造廠商之出廠證明文件及保證書。

1.7 運送、儲存及處理

1.7.1 應以製造廠商之原包裝運至施作地點，並附製造廠商之出廠證明，容器上應附有標籤，載明材料、廠牌、產品編號、產品名稱、批號、製造日期、主要成分、危害警告

訊息、危害防範措施、保存方法。

1.7.2　所有材料須有明顯清晰之辨識印記，以說明產品之規格或其型號。

2. 產品

2.1　材料

2.1.1　聚苯乙烯隔熱（XPS 板）板厚至少 5 cm 以上，密度 35 kg/m³ 以上。

2.1.2　聚苯乙烯隔熱（XPS 板）係將原料加熱熔融後，以連續擠壓的方式而形成的硬板應符合下列物理特性或其特性符合 CNS 2535 B 類隔熱板 3 種。

項　目	單　位	數　值	測　試　法
密度	kg/m³		[CNS 2536][ASTM C303（Density）]
1. 屋頂供停車使用時		[50] 以上	
2. 其他用途時		[35] 以上	[ASTM D1622][ ]
抗壓強度	kgf/cm²	[2.0] 以上	[CNS 2536][ASTM D1621（Compressive Strength）][ ]
抗彎強度	kgf/cm²	[2.5] 以上	[CNS 2536][ASTM C203（Flexural Strength）][ ]
熱傳導率	20 ℃ kcal/ mh℃	[0.03] 以下	[CNS 2536][ASTM C518（Thermal Conductivity-Value 20℃）][ASTM C177][ ]
透濕係數	g／m²·h· mmHg	[0.07][1.0] 以下	[CNS 2536][ASTM E96/E96M-05][ ]

3. 施工

3.1　安裝

3.1.1　XPS 發泡板料，不得與高溫熱源直接接觸過久，以免產生變形熔化之情形。

3.1.2　XPS 發泡板料，不得使用具含揮發性成分之物料作直接接觸，避免受溶劑侵蝕變形。

3.1.3　本板料應避免長期曝曬於陽光下，如有必要，應以白色聚乙烯膜，或淺色薄料覆蓋，若表面破壞呈變色時，應更換之。

3.1.4　本保溫料於工地應注意火源及銲接火花之掉落，以防燃燒；另本材料無論在工地現場，或安裝使用均應注意火種的直接接觸，工地應放置滅火設施以維施工安全。

3.1.5　XPS 板置於屋頂上，為避免施工時為風吹動或兩片接觸面有所鬆動，應採用雙面泡棉膠帶作為黏著劑，或經工程司核可之固定方法。

3.1.6 本保溫料遇有斷裂、不平整、扭曲、積塵、水等皆為不良品，應予更換。

4. 計量與計價

4.1 計量

4.1.1 本章所述屋頂聚苯乙烯隔熱依設計圖說所示之型別及安裝面積，以平方公尺計量。

4.2 計價

4.2.1 本章所述工作依工程詳細價目表所示項目之單價計價，該項目已包括完成本項工作所需之一切人工、材料、機具、設備、運輸、動力及附屬工作等費用在內。

4.2.2 本章所述工作如無工作項目明列於工程詳細價目表上時，則視為附屬工作項目，其費用已包含於本章工作項目之計價內，不另單獨計價。

第 07620 章 金屬泛水板

1. 通則

1.1 本章概要

本章說明金屬泛水板之材料與安裝，包括帽蓋泛水及其它與金屬泛水板有關的工作。

1.2 工作範圍

1.2.1 為完成本章節所需之一切人工、材料、機具、設備、動力、運輸及其完成後之清理工作均屬之。

1.2.2 如無特殊規定，工作內容應包括但不限於下列項目：

（1） 泛水板。

（2） 填縫劑。

（3） 異質金屬塗料。

（4） 鋼夾、錨釘與連接器。

（5） 固定件及配件。

1.3 相關章節

1.3.1 第 01330 章 -- 資料送審

1.3.2 第 01450 章 -- 品質管理

1.3.4 第 09962 章 -- 氟化聚合物塗料

1.4 相關準則

1.4.1 中華民國國家標準（CNS）

（1） CNS 2253　　　鋁及鋁合金片、捲及板

（2） CNS 8499　　　冷軋不銹鋼鋼板、鋼片及鋼帶

（3） CNS 11109　　　銲接結構用高降伏強度鋼板

1.4.2 美國國家標準協會（ANSI）

（1） ANSI SUS 302　　不銹鋼片

（2） ANSI SUS 304　　不銹鋼片

1.5 資料送審

1.5.1 依照第 01330 章「資料送審」及本章之規定。

1.5.2 提送下列資料：

（1） 各型泛水板材料之廠商資料及安裝說明。

（2） 泛水板用板料 30 cm × 120 cm，包括不鏽鋼螺絲及附件。

1.6 品質保證

1.6.1 遵照第 01450 章「品質管理」及相關規定。

2. 產品

2.1 材料

2.1.1 泛水板

（1）鋁片：3003-H14 鋁合金板，符合 CNS 2253。表面處理氟化聚合物塗料符合第 09962 章「氟化聚合物塗料」規定，厚度至少 0.5 mm。

（2）鋼片：ANSI SUS 304 型不銹鋼，厚度至少 0.5 mm。

（3）鍍鋅鋼片：厚度至少 0.7 mm。

（4）銅片：厚度至少 0.5 mm。

2.1.2 固定片及配件：ANSI SUS 304 型不銹鋼，並符合 CNS 8499 冷軋不銹鋼鋼片及鋼板標準。

2.2 設計與製造

2.2.1 製品應在工廠製造。其長向部分應有伸縮餘裕，足以防止漏水、破壞或日久受損。外表上若有任何多餘的油環，印記皆須除去，其稜線須平直、準確，外露部分須要做摺邊。

2.2.2　金屬板之非活動接縫須以平接方式銲接。需密封之邊緣應先成型，並銲接使不透水。

2.2.3　非相容性的金屬面間或是具有腐蝕性的底層，須在接觸面的隱蔽處用瀝青塗敷，以資隔離。

3. 施工

3.1　安裝

3.1.1　錨碇設施須照指示的方法固定於指定的地方，須預留金屬熱脹、冷縮的空間。固定件儘可能安裝於隱蔽處，稜線須平直、準確。安裝工作中，有關搭接、併接部分及接縫皆須永久防水及具水密性。泛水的併接處須以填縫劑封填。

3.1.2　固定方式應以扣接或夾掛，不得用鋼釘直接固定。所有釘、螺絲等固定件至多每20cm 一支，固定於磚牆或混凝土牆時應用鑽孔填楔方式施作。

3.1.3　若需採現場銲接時，應符合 CNS 11109 銲接標準；銲接前後均需整拭表面以維清潔。

3.2　現場品質管理

3.2.1　所有外露的金屬表面皆須保持清潔，若有任何會引起金屬腐蝕或是使其完工表面變質的雜物皆須除去。

3.2.2　施工中須保護泛水及金屬板的工作，並確保工程在完工後，除了因自然風化作用外，不會有損壞或變質現象發生。

3.2.3　妥善安排本章工作使其與鄰近及有關連的工作能協調。在施工時，須注意天氣是否適合施工，有無影響其耐久性，並保護材料及已完成的工作。

4. 計量與計價

4.1　計量

4.1.1　完成本章工作之附屬工作項目，不另予計量價計價。附屬工作項目包括但不限於下列各項：

（1）　填縫料。

（2）　異質金屬塗料。

（3）　鋼夾、錨碇與連接器。

（4）　固定件及配件。

4.1.2　金屬泛水板，包括其清潔與保護，以安裝完成泛水板之長度公尺做計價單位。

4.2 計價

本章工作將依契約工程價目單所列之單價計價付款。

第 07921 章 填縫材

1. 通則

1.1 本章概要

說明各種填縫材（填縫劑及填縫料）的供料與施工規定。

1.2 工作範圍

凡契約圖說中所涉及之門窗、玻璃、混凝土、帷幕牆、伸縮縫、工作縫或其他防水填縫（Sealers or Caulking），包括一液型填縫劑、二液型填縫劑、施工中所需之一切人工及施工機具。

1.3 相關章節

1.3.1　第 01330 章 -- 資料送審

1.3.2　第 01450 章 -- 品質管理

1.3.3　第 08100 章～第 08630 章 -- 門窗相關填縫規定

1.3.4　第 08800 章 -- 玻璃及鑲嵌

1.4 相關準則

1.4.1　中華民國國家標準（CNS）

（1）　CNS 2535 K3014　　　　泡沫聚苯乙烯隔熱材料

（2）　CNS 6985 A2090　　　　建築填縫用聚胺脂

（3）　CNS 8903 A2136　　　　建築用密封材料

（4）　CNS 10209 A2154　　　建築用墊條

（5）　CNS 12351 A2226　　　建築用海棉墊條

1.4.2　美國材料試驗協會（ASTM）

（1）　ASTM C920　　　彈性封縫料

（2）　ASTM C962　　　彈性封縫料使用準則

（3）　ASTM C1193　　　建築人造石抗壓強度

1.4.3　日本工業規格協會

（1）　JIS A5758　　　建築用填縫材

1.5 資料送審

1.5.1 須符合第 01330 章「資料送審」之規定

1.5.2 施工前檢送使用廠牌、技術資料、使用手冊、原廠品質保證書、進口證明書、試驗報告及其他有關證明文件，經工程司審核認可後方得使用。

1.5.3 依類別、色澤提供實體封縫樣品，並經工程司認可。

1.6 品質保證

1.6.1 符合第 01450 章「品質管理」相關規定。

1.6.2 呈化學反應乾固的防水填縫劑，必須為廠商出廠後有效使用期間內的材料。

1.6.3 不同系統或不同產品之封縫材料，不得攙雜使用。

1.6.4 填縫劑應於施工中抽樣（二液型應於硬化劑及主劑抽樣混合後做成樣品）送檢驗機關試驗，經工程司認可為合格者方可繼續施工。

1.7 運送、儲存及處理

1.7.1 材料至工地及使用前均應保持原罐裝。

1.7.2 所有原料均根據技術資料之規定儲存及裝卸，並不得損壞或變質。

1.8 現場環境

工地於下列條件下，不得進行填縫劑及填縫料之施工。

1.8.1 施工面受雨、凝結或其他因素受潮時。

1.8.2 填縫寬度小於襯墊料製造商規定之容許範圍。

2. 產品

2.1 材料

2.1.1 填縫劑

除另有規定或專業廠商技術資料另有建議之外，各類接縫填封劑均依下列原則選用，其品質並須不低於所列中華民國國家標準：

（1） 矽酮類：

A. 符合 CNS 8903 A2136 耐久性分類 9030 之規定。

B. 適用於玻璃與玻璃，玻璃與金屬框間隙填縫，避免用於混凝土、水泥砂漿及石材間。

（2） 聚硫化物類：

A. 符合 CNS 8903 A2136 耐久性分類 8020 之規定。

B. 適用於混凝土、金屬窗框以及水泥砂漿與石材為被著體之填縫，伸縮性良好，表面硬化後著色不易。

（3） 聚胺酯類：

A. 符合 CNS 6985 A2090 之規定。

B. 適用於以混凝土、水泥砂漿及石材為被著體之一般性填縫，表面硬化後可著色及油漆，但與玻璃接著不良，應避免使用。

（4） 丙烯酸酯類（ACRYLIC）：

A. 符合 CNS 8903 A2136 耐久性分類 7020 之規定。

B. 適用於伸縮量 20% 以下之小型縫隙。

（5） 苯乙烯丁二烯橡膠類（SBR）：

A. 符合 CNS 8903 A2136 耐久性分類 7020 之規定。

B. 適用於伸縮量 20% 以下之小型縫隙。

（6） 丁基橡膠類（BUTYL）：

A. 符合 CNS 8903 A2136 耐久性分類 7020 之規定。

B. 適用於伸縮量 20% 以下之小型縫隙。

（7） 符合 ASTM C920 JIS A5758 規定之填縫材料。

2.1.2 襯墊料（Back up Material）

（1） 彈性聚乙烯發泡樹脂條（Polyethyle Form Rod）：符合 CNS 2535 K3014 之規定。

（2） 接縫墊條：符合 CNS 10209 A2154 之規定。

（3） 海棉接縫墊條：符合 CNS 12351 A2226 之規定。

（4） 玻璃壓條或防雨條：符合 CNS 10209 A2154 之規定。

（5） 海棉氣密或玻璃壓條：符合 CNS 12351 A2226 之規定。

（6） 其他經工程司認可之同等品。

2.1.3 附屬材料

清潔劑（Cleaner）、底油（Primer）、填縫遮蔽膠帶（Masking Tape）等附屬材料，使用廠牌應於施工前提出該材料之成份及使用方法送工程司認可後方可使用。

3. 施工

3.1 準備工作

3.1.1 填縫材料施工前，須將接著表面清潔乾淨，不得有灰塵、油污、凹凸等，必要時應使用鋼刷，空隙處須修補整正。

3.1.2 應於施工前塗刷底塗料，以利黏著接合。

3.1.3 填縫材料含毒性，施工時應注意安全，並根據填縫劑原廠提供之資料於施工前準備完全。

3.1.4 施工面應保持乾燥，含水量不得在 8% 以上，不得受潮或在雨中施工。

3.1.5 二液型填縫劑應按原廠指定之比例混合，不得稀釋，混合時須緩慢且徹底攪拌，且不得在太陽直射下混合。使用時限不得超 4 小時。

3.1.6 填縫時伸縮縫應處於正常的狀況下，避免於收縮或膨脹時施工。

3.2 施工方法

3.2.1 除施工說明書或圖樣有更嚴格的規定，其餘均依照使用廠牌對該產品所印行之技術資料及使用手冊施工。

3.2.2 填縫劑及填縫料之安裝標準應符合 ASTM C962 之規定。

3.2.3 襯墊料（Back up Material）：根據接縫詳圖所示位置安裝，其深度不得有偏差，填充後殘留之溝縫深度不得小於設計深度。

3.2.4 填縫劑溝縫之深度（D）與寬度（W）之間的形狀係數關係，應依下表規定：

溝縫寬度（mm）	形狀係數（D/W）	
	一般溝縫	玻璃框縫
W ≧ 15	1/2 ～ 2/3	1/2 ～ 2/3
15 ≧ W ≧ 10	2/3 ～ 1	2/3 ～ 1
10 ＞ W ≧ 6	—	3/4 ～ 4/3

3.2.5 填縫遮蔽膠帶（Masking Tape）：沿縫兩側貼遮蔽膠帶，須整條黏貼，須與接著面緊密接觸。

3.2.6 二液型填縫料拌和必須使用機器，開罐後必須立即使用，未混合之餘料不得再使用，已混合者超過裝罐期限者亦須廢棄。

3.2.7 填充及填縫料

（1）以毛刷均勻塗布底塗料，材料之黏著性應先作實驗，經工程司認可後方得使用。

（2）根據填縫料之實驗結果、原廠規定及天候狀況決定乾燥時間。

（3）填充時應以接縫之交接處或角隅處開始，配合擠出量及接縫大小，妥為填充，填充後不得有隙縫，並將材質內的氣泡擠出。

（4）填縫劑若非瓶裝，需先裝於特殊的填縫槍（Caulking Gun）內，再行填充，若為瓶裝，可直接由填縫槍擠出填充。

3.2.8 整修作業

（1）以鏝刀修平，並清除已凝固之殘餘黏著劑及填縫料，使接著面完全密接無空隙，並整平凹凸不平處。

（2）剝除膠帶，以圓木棒捲取，若有膠帶黏劑殘留於接縫處或表面時，應於硬化前以溶劑小心擦拭乾淨，溶劑由原廠商提供，經工程司認可後方可使用。3.2.9　　保養：填充工作完畢，於接縫面完全硬化前應注意保養，勿使受損。

4. 計量與計價

4.1　計量

本章之工作不另計量，其費用已包含於相關工作項目內。

4.2　計價

本章工作視為相關工作項目之一部分，不另計價。

第 09290 章木絲水泥板

1. 通則

1.1　本章概要

1.1.1　說明木絲水泥板之材料、設備、施工及檢驗等相關規定。

1.2　工作範圍

1.2.1　依據契約設計圖說之規定，凡屬木絲水泥板及其相關之配件、零件、必要之五金、固定件等者均屬之。

1.2.2　為完成本章工作所必需之一切人工、材料、機具、設備、動力、運輸及其完成後之清理工作。

1.3　相關章節

1.3.1　第 01330 章 -- 資料送審

1.3.2　第 01450 章 -- 品質管理

1.4　相關準則

1.4.1　中華民國國家標準（CNS）

（1）CNS 9456　　木質系水泥板

（2）CNS 11758　　水泥板與木絲水泥積層板

1.5　資料送審

須符合第 01330 章「資料送審」之規定。

1.5.1　品質管理計畫書

1.5.2　施工計畫

1.5.3　廠商資料

1.5.4　樣品

材料應提送樣品及其配件，應依實際產品或製作約 120 mm × 240 mm 之樣品各 3 份。

1.6　品質保證

1.6.1　依第 01450 章「品質管理」之規定，提送供料或製造廠商之出廠證明文件。

2. 產品

2.1　材料

2.1.1　本章使用材料係指木絲等木質原料與卜特蘭水泥混合均勻，經成型製成者。主要用於建築物之牆壁、地板、天花板、屋頂等所使用之板。產品須符合 CNS 9456 中木絲水泥板之相關規定。

2.1.2　本章所使用之木絲水泥板，其厚度、容積比重、彎曲破壞載重、撓度及耐然性等性能，依 CNS 9456 中各種類木絲水泥板之規定辦理。

3. 施工

3.1　乾式裝置牆面及天花工程

3.1.1　施工廠商應先繪製施工製造圖經工程司核可，始可進行施工。

3.2　模板灌注式工程

3.2.1　施工廠商應先繪製施工製造圖經工程司核可，始可進行施工。

4. 計量與計價

4.1　計量

4.1.1　本章所述木絲水泥板工作依設計圖說之型式及安裝面，以平方公尺數計量。

4.2　計價

4.2.1　本章工作依工程價目單所示契約單價辦理計價。

4.2.2　除契約另有規定，本章工程之附屬工作項目不另計量付款，但費用已包含在相關項目內。

附屬項目包括但不限於下列各項：

（1）　相關預埋件、襯墊、配件等。

（2）　不納入完成工作之試驗構件。

第六章　結論

結論

在建築外牆的「設計」與「營建」上，台灣仍然停留在「視覺包裝」的觀念上，因此，外牆貼面的包裝材料，再愈趨昂貴精美之際，我們仍長期忽略外牆基本功能的改善。普遍存在的外牆漏水，與高度耗能等問題，半個世紀以來，進步有限。在研究案的訪談過程中，建築師、營造廠、營建管理專業、與材料供應商等對於外牆功能性改善的急迫性，不僅共識高，且有期待，然而，在此訪談過程中，我們也瞭解到改善所必須面對的許多具體的問題與殷憂。我們針對這些問題，提出「複合式外牆」的概念，期能解決外牆功能性的問題，同時，我們也提出設計與營建的可行性建議。裝飾面材的選擇以清水磚為主，取其與在地傳統，及當代面磚的連續性。我們稱此工法為「裝飾磚造」（Brick Veneer）外牆。

我們檢視「裝飾磚造」外牆中的不同構造系統，以及關鍵的細部設計，同時也檢視各系統的「節能」性能，與「單位面積造價」的比較（圖 9）。所有初步的數據與研究結果均告訴我們：台灣外牆系統設計由「單一構造」進入「複合構造」的需求極高，因為其優質的節能性能，而且可行性極高。短期而言，她積極的解決了外牆的功能性問題，長期而言，她建構了一個寬廣的新平台，有助於「外牆永續設計」的應用與發展。她也將幫助建築師，以及相關專業，建立設計時所需的「系統性思維架構」。

我們非常謝謝許多的專業朋友，在研究過程中提供我們的經驗與知識，特別是與清水磚相關的經驗與知識，她們非常寶貴，因為這類設計的新建物為數甚少，而且傳統的「磚造」知識與技術，也在快速的流失中，凡此，都讓我們相信，仍有許多後續的研究與整理需要完成。

參考文獻

1. 官德城，《台灣北部及東部花蓮縣窯業用土資源調查規劃》，經濟部工業技術研究院能源與環境研究所，2007 年，12 月。

2. 王惠君、宋聖榮，《磚材生產過程與材質之調查研究 - 砌體構造防震技術之磚材相關研究》，計畫編號：NSC89-2218-E-011-045，2001 年 7 月。

3. 主編：孔宇航、Christian Schittich，《建築細部：磚石建築》（Architecture&Detail：Masonry），建築細部雜誌社，2006 年 2 月。

4. 主編：孔宇航、Christian Schittich，《建築細部：磚、混凝土、石材》（Architecture&Detail：Brick、Concrete、Stone），建築細部雜誌社，2007 年 10 月。

5. Masonry Construction Manual Pfeifer, Ramcke, Achtziger, Zilch, Birkhauser – Publishers for Architecture, Basel Boston Berlin, 2001

6. Thermal Insulation Material in Building – （n）one for All Solutions, Bobran Ingenieure, Detail Review of Architecture, 41 serie 2001/7, Institute for International Architecture Documentation GmbH, Munchen

7. Mechanical and Electrical Equipment for Buildings, Benjamine Stein, John S. Reynolds, Walter T. Grondzik, Alison G. Kwok, tenth edition, Jojn Wiley & Sons, Inc.

8. Fundamentals of Building Construction, Edward Allen, John Wiley & Sons. Inc. 1999

9. Architectural Graphic Standards, Bruce Bassler, John Ray Hoke, Jr., John Wiley & Sons. Inc. 2000

10. The Details of Modern Architecture （Vol. I & II）, Edward R. Ford, MIT Press, 1997

11. Masonry & Concrete Construction, Revised, Ken Nolan, Craftsman Book Company, 1998

12. Efflorescence: Cause and Control, Michael Merrigan, P.E., The Masonry Society Journal, January-June, 1986

附錄

附錄一　建築師事務所訪談問卷與紀錄

九典建築師事務所會議紀錄

時間：2010-03-31 ／ 會議記錄：林紓婷 ／ 出席人員：李佳儒、劉柏宏、畢光建、林紓婷

討論背景	輕量型鋼外牆構造

畢光建　九典建築師事務所使用過「輕量型鋼外牆」的構造嗎？

李佳儒　台北市政府環境保護局修車廠新建工程的施工過程是乾式施工，先做 H 型鋼的框架，將三明治板水平崁入 H 型鋼，內層 50 mm 隔熱材，外層 3 mm 的鋼板，它是制式產品，並稱它為輕隔間（畢註：輕隔間通常指室內隔間，此處乃指：輕量型鋼的外牆系統），板與板之間使用公母槽銜接（畢註：水平接縫），正反面以矽利康（silicone）填縫防水（畢註：兩次防水）。由於三明治板怕鏽蝕，必須做水泥墩將三明治板架高，離開地面，頂部則用型鋼現場收邊。本案另一個外牆輕隔間（畢註：外牆輕量型鋼構造）的做法，是在兩層水泥纖維板中間灌漿，表面層用 AB 膠貼面材。

劉柏宏　木作襯板系統也使用在花博新生三館的廁所外牆，在輕鋼架（畢註：輕量型鋼）上鎖上「定向纖維板」（畢註：或稱定向粒片板，OSB 板，Oriented Strand Board），分水平與垂直用，兩種不同的纖維結構，蠟質那面朝外，另一面是吸水面，所以有方向性（畢註：方向性乃指木片有方向性的被黏合。又：此材料無防水或防潮功能，臘面提供對木片本身的保護功能。）它有產品的公式，幾片定向纖維板夾在一起可以當柱子使用。

畢光建　會做隔熱材嗎？這材料的外牆飾材是什麼？防水怎麼做？

劉柏宏　有的會。面材是竹子，因為它是臨時性建築。防水只靠定向纖維板上的一層蠟，接縫打矽利康（silicone）。

畢光建　定向纖維板應該無法防水或防潮。

九典建築師事務所會議紀錄

時間：2010-03-31 ／ 會議記錄：林紓婷 ／ 出席人員：李佳儒、劉柏宏、畢光建、林紓婷

討論背景	輕量型鋼外牆襯板材料的選

畢光建　矽酸鈣板、水泥纖維板、定向纖維板等都可作為外牆襯板使用，若從施工的角度考慮，你們的選擇是什麼？

李佳儒　鋼板，因為要處裡的縫比較少、省工、施工也比較方便。再來是水泥纖維板，因為它不怕水。

劉柏宏　水泥纖維板是不怕水，但是應付日晒雨淋，還是要上一層防水。

畢光建　輕量型鋼的外層襯板即使使用水泥纖維板，仍應在外層作防潮膜，因為板與板之間的接縫很多，必須作防潮處理。

畢光建　不會，只要上面材、油漆或透明漆處理掉。

劉柏宏　正常來說是要做防水，竹北的案子會上一層塑膠布的防水，但是它有接縫的問題。

畢光建　裝飾木作雨淋板後方的垂直木條（角料），固定時需穿過襯板，不作防水膜有影響嗎？

李佳儒　還好，影響不大。

畢光建　如果外牆防潮膜有鎖釘穿透或有其它穿透的需要時，則應使用自黏式防潮膜，這是此材料當初設計時的原始概念，例如：屋頂面材組裝時，金屬繫件需要穿透防水膜才能將面材固定在主結構或次結構上。

畢光建　杭州南路與仁愛路口的中華電信大樓，外牆式輕量型鋼系統，表面貼 3 cm 厚石材，他們採用鍍鋅鋼板作為襯板。施工、造價都考慮，你們會選哪一種襯板？

李佳儒　鍍鋅鋼板最方便，主要是施工方便。

畢光建　鍍鋅鋼板的材料容易受到溫度影響，熱脹冷縮，因此要留足夠的伸縮縫隙。

劉柏宏　輕質灌漿牆容易產生裂痕，裂痕會影響防水線，所以要不斷的處理縫的部分。

九典建築師事務所會議紀錄

時間： 2010-03-31 ／ 會議記錄：林紓婷 ／ 出席人員：李佳儒、劉柏宏、畢光建、林紓婷

畢光建　　所以一定要做防潮模。

畢光建　　為什麼不用矽酸鈣板？

劉柏宏　　水泥與矽酸鈣板的成分差多少不太清楚。我記得水泥纖維板的穩定性比矽酸鈣板要
　　　　　來的好，還要再做確認，但是矽酸鈣板較少做外牆。

畢光建　　石材飾面的細部圖是廠商畫的嗎？

劉柏宏　　對，大部份都使用那兩三套圖，選擇上比較多不會綁死。通常預留 8cm 掛石頭片，
　　　　　不做隔熱。

討論背景　　輕量型鋼的可能性

畢光建　　台灣的營建環境裡，外牆是否有機會發展結構性的輕量型鋼？

劉柏宏　　會走複合式的構造系統，鋼骨原料的價錢不可能跌，但是輕量化跟樓層的高度有很
　　　　　大的關係。我的想像是「經濟部嘉義產業創新研發中心第一期新建工程」會比較有
　　　　　可能，它的樓板（畢註：主結構，包括柱樑版）是 RC，外牆則採用輕量型鋼構造，
　　　　　各樓層各自承擔外牆飾材。或者是 RC 主結構去搭配預鑄式的外牆系統也有可能。

畢光建　　主結構為 RC 搭配輕量型鋼，造價是否會比較貴？

劉柏宏　　會比單純的 RC 要來的貴，如果掛石頭或磚的話，乾式會比濕式的貴，乾式的技術
　　　　　性與精準度相對的會比較高，價錢就會反映在技術性上。

討論背景　　台北市立圖書館北投分館新建工程

畢光建　　九典是否有使用金屬繫件的紅磚外牆案例嗎？

劉柏宏　　有，新北投圖書館。

畢光建　　新北投圖書館的外牆，有一面石材外牆，是否使用金屬繫件將石材鎖在水泥牆上？

九典建築師事務所會議紀錄

時間： 2010-03-31 ／ 會議記錄：林紓婷 ／ 出席人員：李佳儒、劉柏宏、畢光建、林紓婷

劉柏宏 　是的，石材背後有水平角鋼，每隔一定高度鎖一支，石材與水泥牆之間沒有空縫。

畢光建 　可改成空縫系統嗎？

劉柏宏 　可以，但是厚度會增加，因為空縫須要更強的結構支撐，它較接近石材的乾式施工。

畢光建 　在市場上是有制式的金屬繫件嗎？單價分析需要做到多細？

劉柏宏 　它有制式的工法，但是尺寸就要看案子。單價分析都用「一式」來代替，廠商做起來會比較方便。石材有乾式與濕式兩種，這裡用的是「濕式補強」的工法，綁鐵絲後再灌漿，石材的重量則由角鋼拖住，因為外牆重量必須分散。

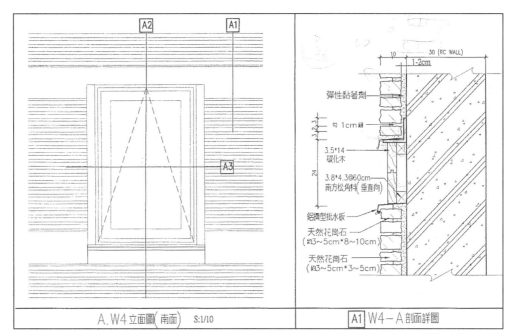

劉柏宏 　我個人認為工地上的工人通常不理解他作的事情。就像砌磚，一天應該不能超過 1.2 米的高度，因為磚材的水泥填縫未乾時，砌太高會有傾倒的狀況，同樣的，在規定的高度範圍內必須安裝角鋼托住重量，讓飾材與 RC 外牆的共構有夠強的連結性。由於現場為了趕工，你說什麼工人也不見得會聽，一口氣連續做了兩層半（約 3 米），結果還是失敗。因此，工地上的狀況是「施作」與「構造」是分開的。

畢光建 　窗戶周邊是否做了金屬泛水板？工班對金屬泛水板的功能有概念嗎？

九典建築師事務所會議紀錄

時間：2010-03-31／會議記錄：林紓婷／出席人員：李佳儒、劉柏宏、畢光建、林紓婷

劉柏宏 沒有做，大面積的石牆才會做金屬泛水板，圖畫出來他們就會做。我認為做木窗（註：本案為木窗系統）的廠商應該要有防水施工的經驗，個別廠商作整體性的思考有助於工程品質。

畢光建 沒錯，外牆防水應該是整體性的，而且是系統性的，可是工地現場卻常常作牆的做牆、作窗的做窗。

劉柏宏 就目前工地的處理方法，不可能是一個小包可以獨力做好防水，或是能將門窗開口收邊的防水收好。因此，監造及營造廠商很重要，他們要在現場將整個系統整合起來，特別是營造廠商，他們必須清楚工法組裝的先後次序。

畢光建 組裝金屬泛水板屬於哪個廠商？組裝的工班是誰？

劉柏宏 金屬泛水板屬於金屬加工廠商，也是由它們組裝，不會給做窗戶的人來施工。只要營造廠清楚施工順序及細節，整合所有包商。

畢光建 有無經驗的師傅與造價有關係嗎？

劉柏宏 有。所有的事情都跟錢有關。一般而言，現在的師父水準較差，沒有 20、30 年前的師傅要來的有經驗。

討論背景	台北國際花卉博覽會（新生公園區夢想館、未來館與生活展館新建工程）

畢光建 請說明一下生活館的「木作雨淋板外牆系統」的防水設計和施工。

劉柏宏 廠商施工前，建議我們多加一層防水板在防水層之上。（畢註：防水板應為一般木作襯板，無防水功能，目的是方便雨淋板的固定，替代慣用的垂直木條。原因可能是廠商對於在垂直面上施作自黏式防水膜，不甚有信心。）但是我們不希望防水板緊貼防水膜，中間沒有空繫，當水滲入時反而會在這裡滯留，造成襯板與木作雨淋板的腐爛。這幾年遇到的困擾是，我們會避免防水膜被穿破，但是防水廠商認為防水膜有黏性及彈性不怕穿透，由於有失敗的案例，所以這個部份我有點懷疑。日前有某家防水公司，號稱比市面上的防水膜更不怕穿刺。以本案為例，我們需要安裝許多屋頂太陽能板，如何設計，避免防水層的整體性不被破壞，是值得討論的事情。

九典建築師事務所會議紀錄

時間： 2010-03-31／會議記錄：林紓婷／出席人員：李佳儒、劉柏宏、畢光建、林紓婷

畢光建　屋頂上常有許多設備，包括太陽能板。水泥墩的做法是目前最好的方式，將屋頂上零星的設備集中規畫，系統性的整合配置於屋頂上，特別是太陽能板。凸起的水泥墩或水泥平台不僅創造簡化、連續、且垂直的防水面，同時讓防水膜的收頭在垂直面上，並且離屋頂面至少 15cm，原理一如常用的壓磚收頭，只是有更簡單的作法，而水泥墩的頂面無論大小，都需要作洩水坡度，大的則需覆以防水膜。「自黏式防水膜」的原理是防水材料與水泥牆面融合為一（fusion），兩者一旦結合，便無法分離，因此鎖釘等的穿透，是設計的原始考慮，完全可以接受。但是在工地上，很多作防水的專業廠商排斥這類材料，因為狀況很多，主因是市場上產品品質良莠不齊，價位從高到低，就像許多其它的建材（例如：塑料木材），而防水是百分之百的效能要求，能經得起這種挑戰的產品不多。即便自黏式防水膜的中級產品都會發生接縫疊合處，防水膜本身之間無法持續黏合的問題，因此與水泥面的「融合接著」要求，幾乎是奢談。好的廠商三家都找不到，公共工程要求的「假公平」，品質如何可期待。

劉柏宏　台灣的防水廠商施工品質很低，不會按步就般的施工，假如原本應該 5 個步驟，最後卻只做一、二步驟，三、四沒做，直接跳到第五個步驟。

畢光建　許多較專業的防水廠商都不太信任自黏式防水膜，它們喜歡採用傳統的瀝青塗料。瀝青對於複雜的幾何形狀，或是特殊，難施工的角落都可以照顧得到，比之防水毯或防水膜，瀝青較靈活也可靠。自黏式防水膜在處理小尺度的、複雜的三維幾何形狀時，常會失敗應可理解，但是因為它是瀝青類的材料，因此可以瀝青輔助使用。木材與金屬類似，不怕潮濕，但是需要通風良好，材料潮濕後能快速風乾。金屬板外牆的收邊經常用「包的」，它的問題是一旦水進去了（經常都會進去），因為沒有設計水路，便流不出來，所以長期的陰濕，造成金屬生鏽，木材也是一樣。

九典建築師事務所會議紀錄

時間： 2010-03-31 ／ 會議記錄：林紓婷 ／ 出席人員：李佳儒、劉柏宏、畢光建、林紓婷

| 討論背景 | 太陽圖書館的隔熱設計與施工 |

劉柏宏 太陽圖書館有做外牆隔熱。RC 結構牆 15cm，木質纖維隔熱材 10cm，有點像乾草板，德國進口的隔熱材，我們採用他們的模矩。隔熱材的背面以黏膠塗布，黏在 RC 牆上。隔熱材以公母槽組合在一起，並且使用隔熱釘固定至 RC 牆上，整平後抹上易膠泥當基底塗層，覆蓋上玻璃纖維補強網，再抹上易膠泥加強結構，最後以砂紙抹平。部分外牆會掛上金屬合金板。能源顧問希望使用木條取代 C 型鋼繫件，減少熱橋效應。整個建築的西邊和屋頂使用隔熱材，屋頂會加木隔架（spacer），所以隔熱層會更厚。

畢光建 會有造價的問題嗎？為什麼不用同一種工法做掉？

劉柏宏 有。由於顧問相當忌諱熱橋的問題，對金屬合金板後面的支撐材相當堅持，所以我的做法是，斜面屋頂的部分，主結構採用鋼構維持原設計，在上方則加木隔架，高度與隔熱層的厚度同（圖 15、16），其它的外牆部分則改採木作角料。

畢光建 是誰在處理這些隔熱層的細部設計？本案是私人工程還是公共工程？

劉柏宏 隔熱材的廠商，因為隔熱材料的廠商不僅賣材料，還提供一整套系統性的施工規範，執行時要求嚴格。本案現在是私人工程，完工後捐出來就是公共建築了。

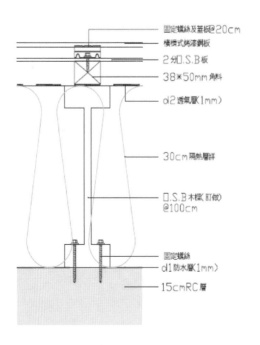

太陽圖書館暨節能展示館施工照片

1.　鋪上專用防水布

2.　鎖固底層支撐金屬板

3.　黏膠塗布，作用是讓第一層的隔熱材緊緊黏住牆面

4.　使用專用隔熱釘固定隔熱板材

5.　隔熱材專用隔熱釘，長達 9 公分的鋼釘可以確保隔熱板材鎖固無虞

6.　特殊設計的釘蓋，鎖固後蓋上，可以防止金屬鋼釘所造成的熱橋效應

7.　表面進行整平

8.　塗刷基底塗層（俗稱的易膠泥） 讓隔熱材表面平整

9.　用小塊隔熱材填滿縫隙

10. 在四周塗滿第一層基底塗層

11. 加上玻璃纖維加強網

12. 第一層基底塗曾

13. 覆蓋玻璃纖維補強網

14. 替外牆上最後一層基底塗層抹平

15. 取代 C 型鋼的木作隔架，減少熱橋

16. 隔熱塞入木格架及固定屋頂

木質纖維隔熱材

木質纖維隔熱材

木質纖維隔熱材

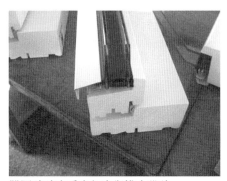
雙層玻璃窗扇之氣密與排水設計

雙層玻璃窗扇之氣密與排水設計

外牆隔熱施工

隔熱材料轉角護網

隔熱材料塑膠與金屬鎖件

補土修飾

窗轉角隔熱材補強

窗轉角隔熱材補強前

隔熱材表面粉光前

隔熱材表面粉光後

屋頂木桁架與隔熱防水材料

清水磚外牆的永續設計

附註：太陽圖書館暨節能展示館－工程進度更新（http://solarhouse-tw.blogspot.com/）

隔熱材的進口廠商：UNGER-DIFFUTHERM（http://www.unger-diffutherm.de/de/index.php）

廖志桓建築師事務所會議紀錄

時間： 2010-04-14 ／ 會議記錄：林紓婷 ／ 出席人員：廖志桓、畢光建、林紓婷

| 討論背景 | 以「水泥空心磚」（CMU: Concrete Masonry Unit）作為複合式外牆支內側結構牆 |

畢光建　外牆砌水泥空心磚的設計在台灣為什麼不普及？

廖志桓　除了設計者的材料取向外，施作技術的問題，目前在台灣紅磚施作技術是沒有太大的問題，但是砌空心磚則不普遍，原因是：
一、空心磚砌法（如加鐵件、背撐）這部分沒太多人去探討。
二、空心磚的材料普及度不如紅磚。
三、業主及設計者的習慣。

畢光建　如果建築師製作空心磚的細部設計的施工圖，工人只需按圖施工，是否可行？

廖志桓　是可以的，但以往的設計類型及規模較少有機會碰觸此類施工方式。平時常接觸的建築師亦然，對疊砌的材料不熟悉，就更會盡量避免使用這類設計，遑論去了解這方面的知識。近期大家關心起「綠建築」及節能等議題，對於外牆材料與研究漸漸受重視，我想磚牆施作如有其顯著效能，應該會是好的選擇。

| 討論背景 | 「結構性輕量型鋼」（structural metal stud system）作為複合式外牆內側結構牆 |

畢光建　在一般的集合住宅設計，使用結構性輕量型鋼外牆的機會如何？

廖志桓　不論私人住宅或建設公司，目前多數還是使用 RC 構造，就技術面與習慣性而言，建築師熟悉此施工技術。就我所了解 RC 構造超過 27~28 層的並不多，因為預拌混泥土運送高層限制的關係。若是超過此高層或是結構耐震上的需求，則會採用鋼構，外牆則採用 RC 預鑄版、金屬版、或吊掛式石材等。為何 RC 構造較為普及，除了成本考量之外，鋼構的細部收頭、外牆吊掛工法的防水等複雜問題，都是考量的因素。特別是外牆接縫、填縫劑老化、防水瑕疵、內部輕質隔間的龜裂等問題，會讓人不慎其擾。

畢光建　所謂三明治板是什麼意思？

廖志桓建築師事務所會議紀錄

時間： 2010-04-14 ／會議記錄：林紓婷 ／出席人員：廖志桓、畢光建、林紓婷

廖志桓　複層板，複層三明治金屬板。

一、用途

（1）大型公共建築之屋面及外牆。

（2）公共場所之屋面、外牆、內隔間牆。

（3）石化業等工廠廠房之屋面、外牆、內隔間牆。

（4）高潔淨之廠房之屋面、外牆、內隔間牆等。

（5）高科技廠房。

二、優點

（1）通過內政部營建署防火時效認證。

（2）寬度可自 500m/m-1000m/m 配合生產線調整。

（3）最大生產長度 17.5M（一般建議屋面用 17.5M Max. 牆面用 8M Max.）。

（4）隔熱性佳。

（5）隔音性佳。

（6）施工快速、經濟。

（7）厚度 35m/m、50m/m、75m/m、100m/m。

（8）符合綠建材認證

三、規格

填充材料		P.I.R（聚胺脂）	Rockwool（岩棉）
適用金屬板材		彩色鋼板、鋁板、鎂鋁合金板、不鏽鋼板、抗靜電鋼板...等	
上下金屬板厚度(m/m)		0.4~0.8	0.5~0.8
填充材料密度(kg/M3)		40±2	100~150
填充材料隔熱值W/M℃		0.018	0.038
成品長度(M)		17.5（MAX）	17.5（MAX）
成品寬幅(m/m)	屋頂板	1000	1000
	外牆板	500、610、760、910、1000	500、610、760、910、1000
成品厚度(m/m)	屋頂板	35、50	35、50、75、100
	外牆板	35、50	35、50、75、100

廖志桓建築師事務所會議紀錄

時間： 2010-04-14 ／ 會議記錄：林紓婷 ／ 出席人員：廖志桓、畢光建、林紓婷

畢光建　大部分使用傳統施作方式，從早期的瀝青、油毛氈、PU、FRP 加環氧樹脂…等作為防水層，上舖灌輕質混泥土及隔熱材。

討論背景	外牆施工廠商

（1）潤宏精密（潤泰）：預鑄牆版、柱樑系統…

（2）來實、壹東：彩色鋼板、鋁版、複層式金屬版…

討論背景	案例

（1）高級主管宿舍及活動中心：造價的關係選擇 RC 構造。

（2）南科員工宿舍（公家機關的案子）：主結構 RC，現場澆灌。

（3）竹南沛鑫半導體設備廠：柱樑預鑄 RC 構造，外牆 RC 現場澆灌。

（4）南科 3M 背光膜廠：柱樑預鑄 RC 構造，外牆複層式金屬版。

附註：壹東實業股份有限公司（http://www.idomain.com.tw/content.php）

莊學能建築師事務所會議紀錄

時間：2010-04-24／會議記錄：林紓婷／出席人員：莊學能、王汎盟、畢光建、林紓婷

討論背景	王公國小磚造工法

畢光建　王功國小的外牆有做空縫嗎？

莊學能　有。空縫的水從磚牆的底部排出，墩與樓板是一體成型，防止水滲入室內。

畢光建　如何承磚重呢？

莊學能　RC 露樑，磚重直接承在樑上，不用角鋼。

畢光建　金屬繫件是用？

莊學能　金屬繫件是鋼筋，以菱形排列，現場在 RC 牆面上先鑽孔，再將鋼筋崁入，1 米平方 1 支（水平 1 米，垂直 1 米），以水泥填實，另一端則插至磚縫的地方。

畢光建　是誰負責放繫件呢？

莊學能　誰負責打鋼筋，不是很清楚，因該是磚工的小包處理。

畢光建　這些細部設計是事務所畫的嗎？

莊學能　我們提出想法，然後營造廠繪製施工計畫圖。

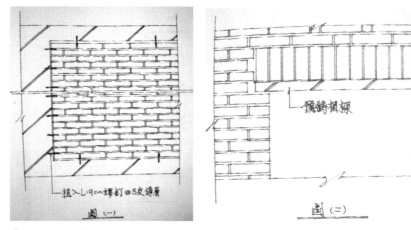

畢光建　窗戶如何安裝？

莊學能建築師事務所會議紀錄

時間： 2010-04-24 ／ 會議記錄：林紓婷 ／ 出席人員：莊學能、王汎盟、畢光建、林紓婷

莊學能 窗戶鎖在 RC 上面，RC 牆外有一道磚牆，用水泥把窗與磚的空縫填起來，因為當時空縫不大，所以沒想過把磚轉進來收邊。

莊學能 高雄縣林園鄉王公國小校舍興建工程，教室主體是 RC，走廊是鋼構，清水磚都是附掛在 RC 上。外牆不只是一道牆，在概念上可以拉更開一點，像是遮陽、通風、採光、管道、雨水回收…等等。

討論背景　案例推薦

畢光建 最後一定會回到外殼，最後一定會有結構，那會是什麼？有類似的案子嗎？

莊學能 鋼構，中間有個空氣層可隔熱。光華商場新的 BOT 案競圖，在華山的隔壁，主結構是 RC。

王汎盟 7 層樓舊公寓拉皮，在民權東路後面的巷子，在樓梯間原有 RC 牆另外在做輕鋼構、C 型鋼，在貼木絲水泥板及面磚，所有管線都走外面，由於是舊公寓，每層樓高都會不太一樣，必須依據現場此尺寸才能做，至於鋁包板營造廠及顧問公司花了很多時間做調整。

討論背景　輕鋼構的可能性

畢光建 是否有機會做輕鋼構？

莊學能 我認為牆結構用輕鋼構會比較麻煩，你要用輕的結構去抓重的磚牆是比較困難。

討論背景　磚材及磚工造價

畢光建 清水磚目前的單價大約是多少？

莊學能 清水磚的價錢從 2 塊到 20 塊都有，火頭磚就更貴，單價比貼磁磚還高。

畢光建 砌磚工的價錢？

莊學能 工法複雜就會反映在造價上，會增加很多工錢的問題。

莊學能建築師事務所會議紀錄

時間：2010-04-24 ／ 會議記錄：林紓婷 ／ 出席人員：莊學能、王汎盟、畢光建、林紓婷

畢光建	排磚的工人好找嗎？
莊學能	現在磚工不太好找，要請磚廠去找。
林紓婷	台灣目前的磚是進口的嗎？
王汎盟	進口划不來，以前清水磚會用進口的，現在台灣的磚價已經可以壓到比較隨和，賣像比較差的磚大約 2 塊錢左右，完整的面比較多的話可以賣到 12 塊以上。
林紓婷	當初挑磚是否有色差的問題？
莊學能	我們是會挑過，如果磚廠能幫忙是最好。

討論背景	施工

畢光建	你會做到排磚的程度嗎？
莊學能	我們必須做排磚計畫，因為所有的尺寸、以及開口都必須跟著磚的尺寸走。
王汎盟	事務所會使用傳統的工法，比較不會嘗試新的東西，要先看看別人試的如何，因為材料跟工法其實是一套的。
王汎盟	有些廠商會試探你知道多少，如果你對此材料也不清不楚，他就會亂做。
王汎盟	好的營造廠經過汰換過後會去做較精緻的東西，像是原本做水溝或道路的營造廠就會來做建築這個部分，導致現在的營造廠能力沒有像以前那麼好。
王汎盟	一開始就要建立權威性，告訴工班要按圖施工，前提是建築師必須清楚施做的方式，工人才會信服。
王汎盟	公共工程你很難去控制，你要的東西他們都有辦法做到，但是送審又是另外一回事，營造廠又更難講，因為工地時在是太大了。

莊學能建築師事務所會議紀錄

時間： 2010-04-24 ／ 會議記錄：林紓婷 ／ 出席人員：莊學能、王汎盟、畢光建、林紓婷

| 討論背景 | 防水 |

王汎盟　事務所、建築師、監造它是一體的，就是要清楚知道它的材料是什麼樣子，像首泰、中泰做的是豪宅等級的建設公司，它們要求使用傳統的油毛氈做 5～7 層，因為工人清楚這個材料怎麼做是最好的。清楚這些材料怎麼做，其它都不是問題。

王汎盟　防水布摺痕的地方最容易斷掉，所以會用壓角磚。

畢光建　屋頂防水為什麼不做外露式的，以方便維修？然後在防水布上鋪墊片或做步道。

王汎盟　在台灣沒有維護的觀念，認為屋頂就是可以上去走動。就像是磚吐白樺這個觀念很難被接受。

王汎盟　漏水的地方不一定是進水的地方，結構體會有毛細現象，根本不曉得水怎麼跑。

| 討論背景 | 白華 |

畢光建　會不會有白華的問題？

莊學能　清水磚吐白華，是因為砂漿配比，也與品質有關，用了很多方法，紅糖水、機油…等等，也有用 1 包水泥加 4 米杯的工研醋，綜合酸鹼值，最有效的方式就是，四週沒有水就不會有毛細現象，比較好控制。公共工程比較不能接受白華這件事。

| 討論背景 | 防銹 |

王汎盟　國外的氟碳烤漆 Kynar 500 只是等級區分，不懂的人會誤以為綁標，等級差沒多少價格卻差很多，所以你永遠不知道你用的是什麼等級的氟碳烤漆。

楊瑞禎建築師事務所會議紀錄

時間：2010-04-25 ／會議記錄：林紓婷 ／出席人員：顏麗蓉、畢光建、林紓婷

討論背景	白華問題的討論

畢光建　貴事務所有很長一段時間沒有使用清水磚，為什麼？

顏麗蓉　最近有一個案子競圖時設計的是雙層外牆清水磚工法，後來因為預算及業主沒信心而取消，不是每位業主都能接受白樺，雖然我們知道那是自然的現象久了就會消除，可是完工後大約 10 年內都很難完全消除，但是之後就會愈來愈紅愈好看。

畢光建　莊學能建築師也遇到公共工程驗收的問題。他們使用 1 包水泥加 4 米杯的工研醋綜合酸鹼值，來減少白樺的發生，但是沒人知道這麼做是否有負作用。

顏麗蓉　酸洗的做法只能暫時解除白華現象；最近兩年我們在另一個工程上發現其它材料也會出現白樺，室外的石材、磁磚、洗石子、甚至使用塗料的牆面都出現了白華，只是較淺的材料比較不明顯，不像紅磚在顏色上對比較強烈。例如：鶯歌陶瓷博館正門口的觀音石樓梯，立面的地方全是白花花的，可見石材也一樣吐白樺。

畢光建　室外接觸土壤的樓梯，排水要做好，否則地下水會從磚縫、石縫、或水泥縫中滲出，在材料表面留下白樺。：之前收集了一些白樺發生的相關資料，需要再找出來。

顏麗蓉　舊建築整修或歷史建築再利用，在使用清水磚時，同樣會遇到白樺問題，造成無法驗收的困擾。

畢光建　比較 RC 牆面貼面磚，及貼中等價位的清水磚，造價差別如何？

顏麗蓉　台中縣中坑國小重建工程單價分析表及台中縣福民國小重建工程單價分析表，不過那是十年前的資訊了，要知道現在的價格必須重新訪價。

討論背景	光隆國小的細部設計討論

畢光建　為什麼在 L 型不鏽鋼沖孔角鋼的上下，各加一條菱形鋼絲網

顏麗蓉　在 L 型不鏽鋼沖孔角鋼的上下加一條菱形鋼絲網，以增加強度。作為第一條水平固定件的菱形鋼絲網，應該足夠接近承重角鋼。

楊瑞禎建築師事務所會議紀錄

時間：2010-04-25 ／ 會議記錄：林紓婷 ／ 出席人員：顏麗蓉、畢光建、林紓婷

畢光建　在 L 型承重角鋼的下方一至二磚處，加一條菱形鋼絲網，也是同樣的道理。但是在 L 型承重角鋼的下緣，或結構樑的下緣，與裝飾清水磚牆的上緣，應該使用軟性的填縫劑，它可以提供垂直方向相對運動所需要的伸縮縫。

畢光建　L 型不鏽鋼承重角鋼為什麼沒有鎖在結構樑上？

顏麗蓉　不一定會鎖在結構樑上。因為角鐵很多，數量還要再查一下，應該還有一張圖說明垂直向是幾皮放一支角鐵，但目前找不到這張圖。這個案子（因為是921重建學校）時程相當趕，有很多細節來不及附上，在施工過程中所補的詳圖，不會出現在這些制式的資料裡。

顏麗蓉　先前（1996 年左右）因為跟境群合作台南藝術學院音樂系的案子，當時境群有一位非常有經驗的施工圖顧問，我們做了許多討論，最後研擬出雙層外牆清水磚作法，並繪製出施工圖；光隆國小的監造主任目前還在職，關於施工時的相關問題可以請教他。

畢光建　你認為清水磚造的技術門檻造成現場施工與管理的困擾嗎？

顏麗蓉　我認為是設計的問題，設計圖需要畫得夠清楚，其次便是監造需踏實。這兩項做好，施工就不是太大的問題。

畢光建　我注意到光隆國小教室門框邊的垂直磚縫，約 5 公分，是用水泥填掉的，為什麼不是將磚轉 90 度後，與門框以填縫劑作細縫收邊？

顏麗蓉　部分細部施工，即使圖面上已有說明，營造廠未必能做到，例如：窗台必須外凸，達到滴水的功能，但是施工過程中，卻將它做成平的。有時候工程上會有一些施工不良的情況，我們要求修改或重做，業主卻因為時間的壓力而希望如期驗收通過，使得我們不得不飲恨接受。

（左圖：光隆國小門框與紅磚細部）

楊瑞禎建築師事務所會議紀錄

時間： 2010-04-25 ／會議記錄：林紓婷 ／出席人員：顏麗蓉、畢光建、林紓婷

討論背景	如何改善施工品質

顏麗蓉　我認為優秀的設計，就是最笨的工人都可以達到好的施工品質。在台灣，營造是不能挑戰的。公共工程不談，但私人工程則有先例，例如：像台南的毛森江一樣，他自己是做清水混凝土起家的，因此訓練一批自己的工人。台中的江文淵和何傳新成立的「半畝塘環境整合」，他們有自己的營造廠，施工品質也可以達到細緻精良的水準。唯有願意挑戰施工技術，甚至自行培育一批工班，專門做清水混凝土或木紋板模這類精準度要求較高的工項。但公共工程所面對的是不同的營造廠，所以符合在地環境的優質設計，能夠讓具有基本概念的工人也看得懂，使施工品質可達到中等以上標準。

畢光建　在事務所裡要如何將設計簡化到任何等級的工人都能施工？

顏麗蓉　靠個人努力，現在整體營造制度愈來愈不合理，投機取巧的技術也日益精進，某些驗收標準如果取得了業主的首肯，連監造都不能做合理的要求。

畢光建　常用的外牆系統是什麼？

顏麗蓉　我們事務所的公共工程較常用的是馬賽克、塗料、二丁掛、金屬板之類的。由於時間及預算的限制，偶爾想嘗試新的工法都有些困難，在時程和經費的限制下，最後經常還是回到保守的做法。新工法必須有多一點的資訊大家才會敢用（註：這裡所指的新工法，意指台灣不常用的工法）。比較麻煩的是細部處理，例如：工地最常抱怨的是最後一塊磚塞不進去等等的施工細節的問題，如果新工法是整套研究過的工法，並且提供詳細的資訊，使用的可能性將會提高。

畢光建　設計時可以將建築的尺寸「模矩化」，但是市場上的磚的規格並沒有「模距」的概念，建築師不知道到手的磚的尺寸，您如何看待此問題？

顏麗蓉　尺寸差異小的，可以用溝縫做調整。我認為要讓工人的施作達到好的施工品質，最大的關鍵就是預留彈性。

畢光建　美國的工業化很徹底，水泥空心磚及紅磚的規格是模矩化的，例如：3 皮紅磚高等於 1 皮空心磚高，但是在台灣尺寸規格不一，她似乎不只是彈性的問題？

楊瑞禎建築師事務所會議紀錄

時間： 2010-04-25 ／ 會議記錄：林紓婷 ／ 出席人員：顏麗蓉、畢光建、林紓婷

顏麗蓉　材料廠商如果從不同的區域進口材料或技術，就會有不同的尺寸，所以規格非常混亂。紅磚的問題可能是為了低價競爭，因節省成本而將規格做小，目前紅磚長度應該只有 21、22 公分，不到 24 公分。

顏麗蓉　台南藝術大學音樂系的設計，我們使用紅磚及耐火磚做混搭，無論在質感上和功能上都有所區別，耐火磚的功能比紅磚好，相對價錢也較高。

畢光建　如果一般的建築雜誌刊登事務所的施工圖，例如：外牆大剖圖，是否可以作為建築師彼此經驗交流的平台？

顏麗蓉　多數事務所都不斷有新案子正在進行，手上通常都只有施工圖，也沒有時間回頭整理資料，投稿雜誌時只好刊登一些照片。大家已經習慣性地趕工作，因為趕所以沒有足夠的成本嘗試新工法，一般設計師每天忙著加班，很少有時間到施工現場，相對地也就缺乏施工經驗。

討論背景	本研究案的「外牆系統」是否有機會被業界接受？

顏麗蓉　我認為台灣比較適合中間夾有空氣層的外牆構造，這裡的氣候本來就不適合帷幕牆及貼磁磚，至於牆結構也應該是輕量型鋼的構造而不是 RC 系統，就大環境及環保的角度來看 RC 遲早要被淘汰的。

畢光建　多數的事務所認為本研究案的系統，使用的機會較少，原因是造價。另外就是一般營建施工的品質差，遇到精緻複雜的防水系統，就更難保證其成效。

顏麗蓉　一、RC 牆的防水一直有問題，沒有人有把握完全防水，幾乎每棟建築都在漏水，為什麼不試另一個方式呢？二、我們正面臨環境及資源的問題，應該先做好準備。如果水泥沒有了，或生產少成本高，我們也必須接受一個新的材料。例如：現在正在缺水，但是必須用水去拌水泥，為什麼不用乾式施工？

畢光建　乾式與濕式施工的其中一項差別是：乾式施工可將材料回收。

顏麗蓉　我認為大量採用乾式施工是遲早的事，只是時間早晚的問題。

楊瑞禎建築師事務所會議紀錄

時間：2010-04-25 ／ 會議記錄：林紓婷 ／ 出席人員：顏麗蓉、畢光建、林紓婷

畢光建 如果告訴業主用較好的材料及工法，長遠可以省下若干的能源費用，您認為人們的接受度如何？有說服力嗎？

顏麗蓉 以公部門為例，即使跟業主說現在多花一些錢用較好的材料，未來在維修建築及電費每年將會省下多少經費，他們都不會接受，因為現在就沒錢，就用最便宜（最差的材料）的方式做出來，事後再花大筆經費做維修，公部門的心態就是這樣。

畢光建 您們在清水磚造外牆的經驗裡，是否有一些革新的作法，或者是簡化的工法？是否使用金屬泛水板？

顏麗蓉 我這邊應該是沒有。我們的清水磚造外牆，沒做金屬泛水板，但是埋了透氣管。最近如果再有機會做這種清水磚外牆，會比以前更細緻精確。

討論背景 材料介紹

畢光建 外牆襯板大多使用矽酸鈣板或水泥板，有其他的建議嗎？

顏麗蓉 襯板材料的選擇不多，另外有兩種材料，在質感和施工管理上，我個人使用的經驗都很好：一、「鑽泥板」較輕、不怕水、防火、吸音、木紋質感、可上色，也可作為外牆使用。二、「PC中空板」可彎弧型、鍍膜阻隔有害光、中空隔熱、比玻璃便宜。

黃聲遠建築師事務所會議紀錄

時間：2010-04-27 ／ 會議記錄：林紓婷 ／ 出席人員：黃聲遠、楊志仲、杜德裕、洪于翔、畢光建、林紓婷

| 討論背景 | 討論 Anderson & Anderson 的 Chameleon House 案例 |

畢光建 這是在北美比較寒冷的地方，牆結構中夾一層空氣層，冬天可使室內保溫。

黃聲遠 蚊子飛進空氣層，黏在透明浪板上是清不掉的。

畢光建 只要有具體的問題就有辦法解決，例：蚊子，你可以在下方裝紗網。

| 討論背景 | 黃聲遠建築師事務所案例 |

畢光建 貴事務所的案子當中，建築的主結構及牆都是 RC，伸出樓板來承磚重，每一層磚重就會又回到樓板，也是從樓板將每一層的水排掉。因為怕水倒流回室內，所以會將承磚重的 15 cm 樓板由邊樑的上緣，下降到邊樑的下緣。如果牆結構是輕鋼架系統，鎖上木絲水泥板，牆厚可以做到 12～15 公分。

畢光建 事務所在處理「外牆」時，在工地及設計上遇到的問題有哪些？如何做防水？

楊志仲 磚牆本身是第一次的防水線，就已經排掉大部分的雨水，RC 本身是第二次的防水線，並於每層外牆樓版施做防水膜，此時雨水已經沒有足夠的力量打在 RC 牆上，反而會隨著重力往下流，並從樓板排水。如果雨水經磚牆滲透，是因為毛細現象及風壓造成磚縫滲透，解決方法可採用益膠泥勾縫。

畢光建 在美國，即使是 RC 牆他們仍會上一次瀝青，因為水泥會龜裂，而且會滲潮。水泥龜裂是正常的現象，在台灣我們使用「硬」的防水材料，例如：彈性水泥、防水水泥；但是西方的防水概念，是使用「軟」的防水材料。當 RC 的壁體龜裂時，軟性防水材料仍可以以材料的彈性來彌合細縫，亦即填縫劑的防水概念。

楊志仲 這棟房子裡有磚造、木造、與鋼構，外牆的表面材是用雨淋板，裡面是矽酸鈣板＋65K 的岩棉＋6 分夾板＋黑紙（防潮紙），完工這麼久了，還是不會漏水。

黃聲遠 水泥會有毛細現象那怎麼辦？

黃聲遠建築師事務所會議紀錄

時間： 2010-04-27 ／ 會議記錄：林紓婷 ／ 出席人員：黃聲遠、楊志仲、杜德裕、洪于翔、畢光建、林紓婷

楊志仲　一.如果水泥裂了，不管是用自黏式防水膜或是防水塗料都一樣，當 RC 結構體裂了會有抗張行為，RC 的抗張行為一定比防水材料要來的強。

二.做不鏽鋼（耐候性剛板）一定沒有像 RC 會龜裂的問題，因為它比 RC 要來的強。

三.橡化瀝青的抗張行為並沒有 RC 好。

（畢註：硬質的防水材料如防水水泥等的抗張行為確實較 RC 差，然而軟性的防水材料，如：自黏式防水膜／橡化瀝青、瀝青塗料等，便是專為這些龜裂現象所設計的防水材料，可惜市場上的橡化瀝青類的防水材料，良莠不齊，經常失敗，造成一般營造廠或建築師多採不信任的態度。）

| 討論背景 | 外牆乾式、濕式施工 |

黃聲遠　台灣的實務與錢有很大的關係，很難接受純裝飾的作法。如果既是裝飾也是功能，這樣的作法在財務平衡上才有可能被業主接受，所以楊志仲會去捍衛他曾經做過的決定。

黃聲遠　蔡東南（黃聲遠建築師事務所的同仁）做了很多奇怪的實驗，他堅持乾式施工，然後全部都會漏水。

畢光建　台灣的營建，過度依賴濕式施工，外牆功能的處理，經常是「大約的」或是「混為一談的」，因此我們對外牆乾式施工的經驗不足，思考的習慣也不一樣。外牆乾式施工有一些簡單的邏輯和規則，本研究案的目的就是希望能建立起這種「系統性」的外牆思考模式，即便當建築師面對變化豐富的外牆設計時，外牆的結構、防水、與隔熱等功能的設計應用，仍然是依循一些簡單清楚的法則。

黃聲遠　或許有一個方法可以告訴業主，你可以增加成本的 10% 或 20%，但是它可以達到某個程度的效果。

| 討論背景 | 畢光建提到廖志桓的案例，談到隔音、輕鋼架 |

畢光建　在台灣很多隔音只做到天花板，那是沒有效的，隔音因該從樓板做到樓板，才能達到效果。

楊志仲　如果好好改良，因該會變成一套制式化的東西。

黃聲遠建築師事務所會議紀錄

時間：2010-04-27 ／ 會議記錄：林紓婷 ／ 出席人員：黃聲遠、楊志仲、杜德裕、洪于翔、畢光建、林紓婷

討論背景	黃聲遠問，三星張宅這一棟有可能改為輕鋼架外牆系統嗎？

畢光建　立面設計上，雕塑性強，牆面上有許多凸出物，較適合 RC 構。如果主結構及少部分外牆維持 RC，其它改為輕鋼架外牆系統，因為案子太小，很不經濟同時用兩種系統。

討論背景	輕質混凝土

楊志仲　有一個案子是灌輕質混凝土來減輕重量，但是它容易漏水。

畢光建　是外牆嗎？哪一個案子？

楊志仲　劉志鵬建築師在宜蘭縣政中心附近設計的抗震屋（http://aphouse.so-buy.com/front/bin/ptlist.phtml？Category=314221）

討論背景	畢光建說明國外如何解決磚重的方式，然後事務所說明他們的做法

楊志仲　我認為清水磚的承重用角鋼是不好的，因為清水磚太厚，重量太重，將樓板延伸出來是最好的，樓板再退個 2、3 公分，「切磚」將樓板面覆蓋起來。

杜德裕　清水磚的金屬繫件可以每 6～8 層放一排角鋼，5mm 的不鏽鋼角鋼。

畢光建　輕量型鋼的外牆結構是無法承磚重的，可以請結構工程師設計一隻連續的介面角鋼，讓整個磚重回到樑上，就跟水泥板來承重是一樣的事情。如果水泥板也可以承重的話，為什麼還要用角鋼？很簡單，因為可以選擇不要看到水泥板的那條線，或者是在主結構是鋼構的情況下。

討論背景	前面有談到隔熱，楊志仲順道補充

楊志仲　PS 板不要買大陸及亞洲國家的，一旦熱脹冷縮時，她會有劈劈啪啪的聲音，只有日本製造的不會有聲音。

黃聲遠建築師事務所會議紀錄

時間：2010-04-27 ／ 會議記錄：林紓婷 ／ 出席人員：黃聲遠、楊志仲、杜德裕、洪于翔、畢光建、林紓婷

| 討論背景 | 討論裝飾清水磚造的金屬繫件 |

畢光建　　金屬繫件是廠商設計的，還是有制式的？

楊志仲　　一般事務所都會畫出來。

畢光建　　國外的金屬繫件是可以垂直活動的，因為金屬繫件處理的是水平力。

黃聲遠　　為什麼不用萬能角鋼做金屬繫件？

畢光建　　太貴了。

楊志仲　　在磚上打洞放入鋼棒再用瞬間接著劑，就像乾式掛裝飾性的石頭片一樣。

楊志仲　　一般 L 形角鐵，水平及垂直距離約 75 公分放 1 個。

畢光建　　美國是垂直 6 皮放一個（約 36cm），水平 3 磚（約 75cm）放一個，不過台灣有地震或許做法需要再調整。

楊志仲　　這個跟砌磚有關係，國內外砌磚方式不同，最好最嚴謹的砌磚工法是社福大樓跟林宅；用很細的方鋼管做一個四方形 9mm 的框，將框架放上去填滿灰漿後拿起來（像做蛋糕的模型），磚才一個個排上去，砌 1 塊磚要花 10 元，並要求用益膠泥（貼磁磚用的）抹縫，防止水氣跑進去，社福、林宅、竹林都是這樣子做，白樺也比較少。水的問題也很重要，因該用純自來水拌材料，也可以降低白樺，最好是用逆滲透的水，但這是不太可能的事情

畢光建　　益膠泥與後面的泥灰會結合的好嗎？

楊志仲　　很好。

| 討論背景 | 白樺的討論 |

杜德裕　　印象中為什麼白樺都發生在外牆，像是圍牆、座椅就比較少？

畢光建　　因為內牆的化學變化已經穩定了，外牆的環境一直在變化，至於圍牆跟座椅有可能是面積較小或經常使用才免疫的。

黃聲遠建築師事務所會議紀錄

時間： 2010-04-27 ／ 會議記錄：林紓婷 ／ 出席人員：黃聲遠、楊志仲、杜德裕、洪于翔、畢光建、林紓婷

討論背景	談到其它相關的案例

杜德裕　在台灣最便宜的方式就是梁柱系統，通常會希望將梁柱放在外面，在外面打格子後再貼磁磚，我認為台灣人愈來愈能接受外面有一層皮，從冷氣的角度來想，大部分的人都可以接受，以我朋友為例：紅磚跟牆的距離大約 3～5 公分，將梁（約 40cm）柱翻到外面，牆是靠內側還剩 25 公分，紅磚貼在樑的外皮，空氣層達到 25 公分；我的問題是，空氣層大到 25 公分，過去經驗的鐵件不適合，一樣有藏懸臂板，每 2 米用紅磚的工法砌扶壁柱，在做 RC 外牆的時候鋼筋就預留出來了，然後再拆回去；空氣層非常大，算面積的時候又從 RC 開始算，柱心的中心線。建管處還是看外牆的柱中心線。但是在地政事務所做產權登記時會有影響，地政事務所會發現你量的建物面積。

杜德裕　加上房子是出簷，所以白樺真的很少。

畢光建　空氣層 15 公分跟 30 公分效果差不了多少。但是分兩次做就不一樣了。

討論背景	清水磚單價

楊志仲　空心磚用在空調機房或是其他機房時，是最好的隔音牆。

畢光建　清水磚的價錢？

楊志仲　1 塊磚 9~12 元（台製）。（一般磚一塊 2.8~3.2 元；外國進口 25~28 元）

境向建築師事務所會議紀錄

時間： 2010-04-28 ／ 會議記錄：林紓婷 ／ 出席人員：蔡元良、畢光建、林紓婷

蔡元良 光隆國小的外牆使用裝飾清水磚牆。營建署中部辦公室審核本案的磚造工法時，由於台灣未曾看過此工法，所以產生質疑。當時請中興大學土木系的閻嘉義教授，寫了一份外牆結構分析的報告。南投高商也是裝飾清水磚造，裝飾清水磚牆與 RC 結構牆之間的「金屬繫件」，在台灣的營建市場上找不到這項產品，所以當時採用菱形鋼絲網替代。裝飾清水磚牆同樣必須承受重力、風力及地震力，一大面磚牆除了使用角鋼及金屬繫件之外，還必須將它分割成獨立的小面積，當建築物搖晃時，各個小單位面積能夠各自活動，因此它像是魚鱗的概念，每片都可以自由活動。否則搖晃過大，牆面會開始斷裂。

畢光建 大元建築師事務所的復興中學案，在空心清水磚中垂直插入鋼筋條，將每塊磚都扣住，並且鎖回後面的 RC 結構牆。

蔡元良 多加固定件不會有壞處，但不一定有好處，以此案為例，不需要再加鋼筋。我們的做法是加軟的材料，當材料熱脹冷縮或移動時，有個活動範圍的容許度。

畢光建 美國一般的裝飾磚造，金屬繫件採點狀分佈，大約是每 6 皮高，3 磚寬加一支繫件。

畢光建 為何不用簡易的鋼絲製作繫件，而要用菱形鋼絲網（市面上的材料）？

蔡元良 我們的裝飾清水磚牆有空氣層，希望裝飾磚牆與 RC 結構牆之間的相對運動是有彈性的，金屬繫件的必須滿足此需求。

畢光建 膨脹螺栓打入牆面，如何處理防水？

蔡元良 一．在裝飾清水磚牆的磚縫中，置入不鏽鋼管，使空氣層保持通風，濕氣可以排出。

二．功能牆（RC）的外層做好防水處理，水氣在外層結露，並順著防水層從下面排出。

三．膨脹螺栓穿透防水層的部分完全沒有處理，其實是應該做的。只要是穿過防水層，儼謹做法都必須作防水粉刷。

四．台灣雖然有概念，但是市面上沒有這些配套的鐵件等。有些案子是低標拿到的，所以有些細節沒辦法照顧的很好，但是我認為裝飾清水磚造這東西是可以做的，也可以被修正改善。

境向建築師事務所會議紀錄

時間： 2010-04-28 ／ 會議記錄：林紓婷 ／ 出席人員：蔡元良、畢光建、林紓婷

畢光建 就今天的營建市場來說，造價上還可以容忍嗎？

蔡元良 現在還好。以前的話工人搞不清楚你要做什麼，有一些工人自己創造發明，想到的方法就做了，通常無法解決問題。台灣的監造多數是土木背景，所以也不是很清楚這些工法，有些比較嚴謹的工法到了工地，能被執行的狀態，通常是個問號。

我們的建築都是不維護的，所以久了就會髒髒，以清水磚為例，有時候還會有壁癌，所以「滴水」這件事情變得很重要。就女兒牆來說，由於吃了很多虧，所以這些小事情我們都會處理。我們的工務經理，本地高中畢業，實務經驗相當豐富。然而這些年來，台灣的建築技術不但沒有進步還在退步，由於氣候潮濕及冷氣滴水的問題，外牆防水的功能一定要做，否則貼再好的材料都沒有用。

畢光建 美國建築外牆的防水是做在牆的外側，國內做在牆的內側，做在內側沒有用因為濕氣已經進來了。

畢光建 建築外牆該不該做隔熱？

蔡元良 該做，是因該讓人們了解這些事。台灣法規是被動的，資料也有限；若業主及建築師同意一種新工法或材料時，就必須自行花錢請人算此材料是否符合法規的規定，這都必須花很多錢去認證，小一點的案子是無法負荷的。做這些事情雖然暫時無法大量被業界使用，但是可以讓人有初步的了解。

畢光建 回到 Metal Studs（結構性輕鋼架）的建築外牆系統，在台灣有沒有可能？如果有的話，應用的機會在哪裡？

蔡元良 目前沒有準確的數據，但我發現台灣建築業的想法和做法是一致的。以 House 來說我不太喜歡，因為實在太粗燥了，可是卻是最快的。現在連好好砌磚的人都不太有，但是模板台灣相當成熟、便宜，所以大量使用此工法。

畢光建 如果主結構是鋼構，選擇 Metal Studs（結構性輕鋼架）作外牆結構的機會就會比較高。

蔡元良 對。但是我認為這只是不同材料的組合，去搭配出可接受的價格。如果有材料與造價的評估，是會有幫助的。

境向建築師事務所會議紀錄

時間： 2010-04-28 ／ 會議記錄：林紓婷 ／ 出席人員：蔡元良、畢光建、林紓婷

畢光建 從設計、發包到施工的過程中，如果要執行較複雜的工法，需要如何溝通？

蔡元良 要如何使營造廠將施工做好，這不是核心問題，真正的問題是權力、義務的問題。執行再怎麼混亂，仍要回到合約的部分，合約是真實的，所以大家很清楚自己該扮演的角色。業主與建築師有合約，發包後業主與營造廠有合約，但是建築師與營造廠沒有合約，建築師卻要負責監造的事情，一旦建築師涉及監造，事務所就會虧錢，如果再加上規範不健全，設計費一下就用完。

畢光建 營造廠及建築師都有各自的責任與專業，就「專業」重疊的部分來講，會不會有爭執？

蔡元良 如果圖夠清楚，就按圖施工；如果沒有的話，就按照事務所補的資料為準。但是補資料時，會開始有人說話，例如：當初沒有要求要這樣子做。近幾年來，我們的事務所在施工圖製作的完整性上有進步，但是成本不符合支出。

蔡元良 台灣的黏土鹽分高，容易有白樺。東南亞的土鹽分比較少。或許可以把磚鑲在預注板上，白華的問題或許會比較少。

附錄二 磚造與相關案例參考資料

時　　間	1997/6/1
地　　點	台中市 /Taiwan
案　　名	台中蔡博文 張滄海 陳新成建築師事務所
空 間 類 型	Office/4F
外 牆 飾 材	火頭磚 glass block
建　築　師	台中蔡博文 張滄海 陳新成建築師事務所
資 料 來 源	建築師雜誌 - 第 270 期

時　　間	1997/8/1
地　　點	台南縣 /Taiwan
案　　名	國立台南藝術學院圖書館兼多功能大樓
空 間 類 型	Liberary/5F
外 牆 飾 材	face brick
建　築　師	柏森建築師事務所
資 料 來 源	建築師雜誌（第 272 期）

時　　間	1965/1/1
地　　點	宜蘭縣 /Taiwan
案　　名	宜蘭羅東四結教會
空 間 類 型	Church/1F
外 牆 飾 材	brick
建　築　師	劉明國
資 料 來 源	建築師雜誌（1999 年 6 月號）

時　　間	不詳
地　　點	Dublin
案　　名	Abbey Theatre
空 間 類 型	Theatre
外 牆 飾 材	brick
建　築　師	Michael Scott Partners
資 料 來 源	ARCHITECTS WORKING DETAILS

時　　間	1996/8/1
地　　點	Randaberg
案　　名	Marine Elf
空 間 類 型	Centre/3F
外 牆 飾 材	brick
建　築　師	Hoem Kloster Schjelderup Tonning
資 料 來 源	THE ARCHITECTURAL REVIEW–AUGUST（1996）

時　　間	1997/10/1
地　　點	Osio/Norway
案　　名	Abstracting Materiality
空 間 類 型	Garden shed
外 牆 飾 材	brick
建　築　師	Carl-Viggo Holmebakk
資 料 來 源	THE ARCHITECTURAL REVIEW–OCTOBER（1997）

時　　間	2007
地　　點	London
案　　名	Apartment Building in London
空 間 類 型	Apartment/5F
外 牆 飾 材	ivory brick
建　築　師	Russell Jones
資 料 來 源	DETAIL– 磚、混凝土、石材（2007 年 10 月）

	時　　　間	2007
	地　　　點	Dublin
	案　　　名	Residence in Dublin
	空 間 類 型	Residence/2F
	外 牆 飾 材	brick
	建　築　師	Boyd Cody Architects
	資 料 來 源	DETAIL– 磚、混凝土、石材（2007 年 10 月）
	時　　　間	2006
	地　　　點	Dublin
	案　　　名	House in Dublin
	空 間 類 型	Residence/1F
	外 牆 飾 材	brick
	建　築　師	FKL Architects
	資 料 來 源	DETAIL– 磚石建築（2006 年第 1 期）
	時　　　間	2006
	地　　　點	Gaasbeek
	案　　　名	House for Musicians
	空 間 類 型	Residence/1F
	外 牆 飾 材	brick
	建　築　師	Robbrecht en Daem Architects, Ghent Paul Robbrecht, Hilde Daem
	資 料 來 源	DETAIL– 磚石建築（2006 年第 1 期）
	時　　　間	2006
	地　　　點	London
	案　　　名	Entrance Gallery to Amnesty International's Headquarters in London
	空 間 類 型	Gallery/1F
	外 牆 飾 材	brick
	建　築　師	Witherford Watson Mann Architects, London
	資 料 來 源	DETAIL– 磚石建築（2006 年第 1 期）
	時　　　間	2006
	地　　　點	Freiburg
	案　　　名	Institute Building in Freiburg
	空 間 類 型	Institute Building/5F
	外 牆 飾 材	brick
	建　築　師	Erzbischofliches Bauamt Freiburg Christof Hendrich,Anton Bauhofer
	資 料 來 源	DETAIL– 磚石建築（2006 年第 1 期）
	時　　　間	2006
	地　　　點	Munich
	案　　　名	Church Centre in Munich
	空 間 類 型	Church/1F
	外 牆 飾 材	brick, larch grid
	建　築　師	Florian Nagler Architects
	資 料 來 源	DETAIL– 磚石建築（2006 年第 1 期）
	時　　　間	不詳
	地　　　點	The village of Morcote is situated on the northern banks of Lake Lugano
	案　　　名	House in Morcote
	空 間 類 型	Residence/2F
	外 牆 飾 材	brick
	建　築　師	Markus Wespi+Jerome de Meuron Architects,Caviano / Zurich
	資 料 來 源	DETAIL– 磚石建築（2006 年第 1 期）

附錄三　外牆系統能耗評估原始數據

一、外牆系統測試與分析原始數據

（一）測試一

Zone: 3-3F
Operation: Weekdays 19-07, Weekends 00-24.
Thermostat Settings: 10.0 - 26.0 C
Max Heating: 0.0 C - No Heating.
Max Cooling: 5700 W at 20:00 on 27th July

MONTH	HEATING (Wh)	COOLING (Wh)	TOTAL (Wh)
Jan	0	0	0
Feb	0	0	0
Mar	0	0	0
Apr	0	89369	89369
May	0	116822	116822
Jun	0	637847	637847
Jul	0	977891	977891
Aug	0	643337	643337
Sep	0	463978	463978
Oct	0	154108	154108
Nov	0	5042	5042
Dec	0	0	0
TOTAL	0	3088394	3088394
PER M	0	48256	48256
Floor Area:	64.000 m2		

Zone: 3-2F
Operation: Weekdays 19-07, Weekends 00-24.
Thermostat Settings: 10.0 - 26.0 C
Max Heating: 0.0 C - No Heating.
Max Cooling: 7089 W at 20:00 on 27th July

MONTH	HEATING (Wh)	COOLING (Wh)	TOTAL (Wh)
Jan	0	0	0
Feb	0	0	0
Mar	0	0	0
Apr	0	91344	91344
May	0	124800	124800
Jun	0	668164	668164
Jul	0	1038699	1038699
Aug	0	692141	692141
Sep	0	492073	492073
Oct	0	163592	163592
Nov	0	4918	4918
Dec	0	0	0
TOTAL	0	3275730	3275730
PER M	0	51183	51183
Floor Area:	64.000 m2		

Zone: 3-1F
Operation: Weekdays 19-07, Weekends 00-24.
Thermostat Settings: 10.0 - 26.0 C
Max Heating: 0.0 C - No Heating.
Max Cooling: 5172 W at 20:00 on 27th July

MONTH	HEATING (Wh)	COOLING (Wh)	TOTAL (Wh)
Jan	0	0	0
Feb	0	0	0
Mar	0	0	0
Apr	0	65060	65060
May	0	84398	84398
Jun	0	489297	489297
Jul	0	764949	764949
Aug	0	466818	466818
Sep	0	339265	339265
Oct	0	115012	115012
Nov	0	3422	3422
Dec	0	0	0
TOTAL	0	2328220	2328220
PER M	0	36378	36378
Floor Area:	64.000 m2		

Zone: 4-4F
Operation: Weekdays 19-07, Weekends 00-24.
Thermostat Settings: 10.0 - 26.0 C
Max Heating: 0.0 C - No Heating.
Max Cooling: 5700 W at 20:00 on 27th July

MONTH	HEATING (Wh)	COOLING (Wh)	TOTAL (Wh)
Jan	0	0	0
Feb	0	0	0
Mar	0	0	0
Apr	0	89326	89326
May	0	116754	116754
Jun	0	637898	637898
Jul	0	977954	977954
Aug	0	643372	643372
Sep	0	463996	463996
Oct	0	154101	154101
Nov	0	5036	5036
Dec	0	0	0
TOTAL	0	3088436	3088436
PER M	0	48257	48257
Floor Area:	64.000 m2		

Zone: 4-3F			
Operation: Weekdays 19-07, Weekends 00-24.			
Thermostat Settings: 10.0 - 26.0 C			
Max Heating: 0.0 C - No Heating.			
Max Cooling: 7089 W at 20:00 on 27th July			
	HEATING	COOLING	TOTAL
MONTH	(Wh)	(Wh)	(Wh)
Jan	0	0	0
Feb	0	0	0
Mar	0	0	0
Apr	0	91194	91194
May	0	124599	124599
Jun	0	668124	668124
Jul	0	1038671	1038671
Aug	0	692083	692083
Sep	0	491978	491978
Oct	0	163529	163529
Nov	0	4894	4894
Dec	0	0	0
TOTAL	0	3275072	3275072
PER M	0	51173	51173
Floor Area:	64.000 m2		

Zone: 4-2F			
Operation: Weekdays 19-07, Weekends 00-24.			
Thermostat Settings: 10.0 - 26.0 C			
Max Heating: 0.0 C - No Heating.			
Max Cooling: 7097 W at 20:00 on 27th July			
	HEATING	COOLING	TOTAL
MONTH	(Wh)	(Wh)	(Wh)
Jan	0	0	0
Feb	0	0	0
Mar	0	0	0
Apr	0	91355	91355
May	0	124844	124844
Jun	0	668268	668268
Jul	0	1038819	1038819
Aug	0	692321	692321
Sep	0	492169	492169
Oct	0	163692	163692
Nov	0	4920	4920
Dec	0	0	0
TOTAL	0	3276388	3276388
PER M	0	51194	51194
Floor Area:	64.000 m2		

Zone: 4-1F			
Operation: Weekdays 19-07, Weekends 00-24.			
Thermostat Settings: 10.0 - 26.0 C			
Max Heating: 0.0 C - No Heating.			
Max Cooling: 5171 W at 20:00 on 27th July			
	HEATING	COOLING	TOTAL
MONTH	(Wh)	(Wh)	(Wh)
Jan	0	0	0
Feb	0	0	0
Mar	0	0	0
Apr	0	65012	65012
May	0	84364	84364
Jun	0	489138	489138
Jul	0	764759	764759
Aug	0	466674	466674
Sep	0	339126	339126
Oct	0	114979	114979
Nov	0	3419	3419
Dec	0	0	0
TOTAL	0	2327470	2327470
PER M	0	36367	36367
Floor Area:	64.000 m2		

Zone: 5-5F			
Operation: Weekdays 19-07, Weekends 00-24.			
Thermostat Settings: 10.0 - 26.0 C			
Max Heating: 0.0 C - No Heating.			
Max Cooling: 5700 W at 20:00 on 27th July			
	HEATING	COOLING	TOTAL
MONTH	(Wh)	(Wh)	(Wh)
Jan	0	0	0
Feb	0	0	0
Mar	0	0	0
Apr	0	89284	89284
May	0	116697	116697
Jun	0	637884	637884
Jul	0	977944	977944
Aug	0	643354	643354
Sep	0	463968	463968
Oct	0	154082	154082
Nov	0	5029	5029
Dec	0	0	0
TOTAL	0	3088242	3088242
PER M	0	48254	48254
Floor Area:	64.000 m2		

Zone: 5-4F
Operation: Weekdays 19-07, Weekends 00-24.
Thermostat Settings: 10.0 - 26.0 C
Max Heating: 0.0 C - No Heating.
Max Cooling: 7089 W at 20:00 on 27th July

MONTH	HEATING (Wh)	COOLING (Wh)	TOTAL (Wh)
Jan	0	0	0
Feb	0	0	0
Mar	0	0	0
Apr	0	91122	91122
May	0	124493	124493
Jun	0	668175	668175
Jul	0	1038743	1038743
Aug	0	692120	692120
Sep	0	491984	491984
Oct	0	163511	163511
Nov	0	4882	4882
Dec	0	0	0
TOTAL	0	3275030	3275030
PER M	0	51172	51172
Floor Area:	64.000 m2		

Zone: 5-3F
Operation: Weekdays 19-07, Weekends 00-24.
Thermostat Settings: 10.0 - 26.0 C
Max Heating: 0.0 C - No Heating.
Max Cooling: 7098 W at 20:00 on 27th July

MONTH	HEATING (Wh)	COOLING (Wh)	TOTAL (Wh)
Jan	0	0	0
Feb	0	0	0
Mar	0	0	0
Apr	0	91279	91279
May	0	124699	124699
Jun	0	668499	668499
Jul	0	1039113	1039113
Aug	0	692511	692511
Sep	0	492306	492306
Oct	0	163692	163692
Nov	0	4904	4904
Dec	0	0	0
TOTAL	0	3277002	3277002
PER M	0	51203	51203
Floor Area:	64.000 m2		

Zone: 5-2F
Operation: Weekdays 19-07, Weekends 00-24.
Thermostat Settings: 10.0 - 26.0 C
Max Heating: 0.0 C - No Heating.
Max Cooling: 7098 W at 20:00 on 27th July

MONTH	HEATING (Wh)	COOLING (Wh)	TOTAL (Wh)
Jan	0	0	0
Feb	0	0	0
Mar	0	0	0
Apr	0	91403	91403
May	0	124878	124878
Jun	0	668426	668426
Jul	0	1039010	1039010
Aug	0	692465	692465
Sep	0	492308	492308
Oct	0	163726	163726
Nov	0	4923	4923
Dec	0	0	0
TOTAL	0	3277139	3277139
PER M	0	51205	51205
Floor Area:	64.000 m2		

Zone: 5-1F
Operation: Weekdays 19-07, Weekends 00-24.
Thermostat Settings: 10.0 - 26.0 C
Max Heating: 0.0 C - No Heating.
Max Cooling: 5172 W at 20:00 on 27th July

MONTH	HEATING (Wh)	COOLING (Wh)	TOTAL (Wh)
Jan	0	0	0
Feb	0	0	0
Mar	0	0	0
Apr	0	65052	65052
May	0	84393	84393
Jun	0	489263	489263
Jul	0	764914	764914
Aug	0	466790	466790
Sep	0	339238	339238
Oct	0	115003	115003
Nov	0	3420	3420
Dec	0	0	0
TOTAL	0	2328074	2328074
PER M	0	36376	36376
Floor Area:	64.000 m2		

Zone: 6-6F			
Operation: Weekdays 19-07, Weekends 00-24.			
Thermostat Settings: 10.0 - 26.0 C			
Max Heating: 0.0 C - No Heating.			
Max Cooling: 5700 W at 20:00 on 27th July			
	HEATING	COOLING	TOTAL
MONTH	(Wh)	(Wh)	(Wh)
Jan	0	0	0
Feb	0	0	0
Mar	0	0	0
Apr	0	89251	89251
May	0	116653	116653
Jun	0	637874	637874
Jul	0	977938	977938
Aug	0	643341	643341
Sep	0	463948	463948
Oct	0	154069	154069
Nov	0	5022	5022
Dec	0	0	0
TOTAL	0	3088097	3088097
PER M	0	48252	48252
Floor Area:	64.000 m2		

Zone: 6-5F			
Operation: Weekdays 19-07, Weekends 00-24.			
Thermostat Settings: 10.0 - 26.0 C			
Max Heating: 0.0 C - No Heating.			
Max Cooling: 7089 W at 20:00 on 27th July			
	HEATING	COOLING	TOTAL
MONTH	(Wh)	(Wh)	(Wh)
Jan	0	0	0
Feb	0	0	0
Mar	0	0	0
Apr	0	91054	91054
May	0	124402	124402
Jun	0	668155	668155
Jul	0	1038731	1038731
Aug	0	692094	692094
Sep	0	491941	491941
Oct	0	163482	163482
Nov	0	4869	4869
Dec	0	0	0
TOTAL	0	3274727	3274727
PER M	0	51168	51168
Floor Area:	64.000 m2		

Zone: 6-4F			
Operation: Weekdays 19-07, Weekends 00-24.			
Thermostat Settings: 10.0 - 26.0 C			
Max Heating: 0.0 C - No Heating.			
Max Cooling: 7098 W at 20:00 on 27th July			
	HEATING	COOLING	TOTAL
MONTH	(Wh)	(Wh)	(Wh)
Jan	0	0	0
Feb	0	0	0
Mar	0	0	0
Apr	0	91187	91187
May	0	124575	124575
Jun	0	668470	668470
Jul	0	1039092	1039092
Aug	0	692473	692473
Sep	0	492246	492246
Oct	0	163652	163652
Nov	0	4889	4889
Dec	0	0	0
TOTAL	0	3276584	3276584
PER M	0	51197	51197
Floor Area:	64.000 m2		

Zone: 6-3F			
Operation: Weekdays 19-07, Weekends 00-24.			
Thermostat Settings: 10.0 - 26.0 C			
Max Heating: 0.0 C - No Heating.			
Max Cooling: 7098 W at 20:00 on 27th July			
	HEATING	COOLING	TOTAL
MONTH	(Wh)	(Wh)	(Wh)
Jan	0	0	0
Feb	0	0	0
Mar	0	0	0
Apr	0	91279	91279
May	0	124698	124698
Jun	0	668497	668497
Jul	0	1039109	1039109
Aug	0	692508	692508
Sep	0	492304	492304
Oct	0	163691	163691
Nov	0	4904	4904
Dec	0	0	0
TOTAL	0	3276990	3276990
PER M	0	51203	51203
Floor Area:	64.000 m2		

Zone: 6-2F
Operation: Weekdays 19-07, Weekends 00-24.
Thermostat Settings: 10.0 - 26.0 C
Max Heating: 0.0 C - No Heating.
Max Cooling: 7098 W at 20:00 on 27th July

MONTH	HEATING (Wh)	COOLING (Wh)	TOTAL (Wh)
Jan	0	0	0
Feb	0	0	0
Mar	0	0	0
Apr	0	91431	91431
May	0	124901	124901
Jun	0	668538	668538
Jul	0	1039139	1039139
Aug	0	692568	692568
Sep	0	492400	492400
Oct	0	163755	163755
Nov	0	4927	4927
Dec	0	0	0
TOTAL	0	3277658	3277658
PER M	0	51213	51213
Floor Area:	64.000 m2		

Zone: 6-1F
Operation: Weekdays 19-07, Weekends 00-24.
Thermostat Settings: 10.0 - 26.0 C
Max Heating: 0.0 C - No Heating.
Max Cooling: 5172 W at 20:00 on 27th July

MONTH	HEATING (Wh)	COOLING (Wh)	TOTAL (Wh)
Jan	0	0	0
Feb	0	0	0
Mar	0	0	0
Apr	0	65104	65104
May	0	84427	84427
Jun	0	489443	489443
Jul	0	765120	765120
Aug	0	466943	466943
Sep	0	339393	339393
Oct	0	115042	115042
Nov	0	3425	3425
Dec	0	0	0
TOTAL	0	2328896	2328896
PER M	0	36389	36389
Floor Area:	64.000 m2		

（二）測試二

T-RC-1

Zone: A-2F
Operation: Weekdays 19-07, Weekends 00-24.
Thermostat Settings: 10.0 - 26.0 C
Max Heating: 0.0 C - No Heating.
Max Cooling: 7088 W at 20:00 on 27th July

MONTH	HEATING (Wh)	COOLING (Wh)	TOTAL (Wh)
Jan	0	0	0
Feb	0	0	0
Mar	0	0	0
Apr	0	91307	91307
May	0	124777	124777
Jun	0	668050	668050
Jul	0	1038562	1038562
Aug	0	692041	692041
Sep	0	491970	491970
Oct	0	163571	163571
Nov	0	4916	4916
Dec	0	0	0
TOTAL	0	3275194	3275194
PER M	0	51175	51175
Floor Area:	64.000 m2		

T-RC-2

Zone: A-2F
Operation: Weekdays 19-07, Weekends 00-24.
Thermostat Settings: 10.0 - 26.0 C
Max Heating: 0.0 C - No Heating.
Max Cooling: 4426 W at 20:00 on 27th July

MONTH	HEATING (Wh)	COOLING (Wh)	TOTAL (Wh)
Jan	0	0	0
Feb	0	0	0
Mar	0	0	0
Apr	0	66618	66618
May	0	89777	89777
Jun	0	418288	418288
Jul	0	656742	656742
Aug	0	474677	474677
Sep	0	320190	320190
Oct	0	101198	101198
Nov	0	7576	7576
Dec	0	6237	6237
TOTAL	0	2141303	2141303
PER M	0	33458	33458
Floor Area:	64.000 m2		

T-RC-1

Zone: B-2F-W
Operation: Weekdays 19-07, Weekends 00-24.
Thermostat Settings: 10.0 - 26.0 C
Max Heating: 0.0 C - No Heating.
Max Cooling: 6866 W at 20:00 on 27th July

MONTH	HEATING (Wh)	COOLING (Wh)	TOTAL (Wh)
Jan	0	0	0
Feb	0	0	0
Mar	0	0	0
Apr	0	81201	81201
May	0	112457	112457
Jun	0	599699	599699
Jul	0	942826	942826
Aug	0	641210	641210
Sep	0	447662	447662
Oct	0	144737	144737
Nov	0	5123	5123
Dec	0	0	0
TOTAL	0	2974914	2974914
PER M	0	46483	46483
Floor Area:	64.000 m2		

T-RC-2

Zone: B-2F-W
Operation: Weekdays 19-07, Weekends 00-24.
Thermostat Settings: 10.0 - 26.0 C
Max Heating: 0.0 C - No Heating.
Max Cooling: 4921 W at 20:00 on 27th July

MONTH	HEATING (Wh)	COOLING (Wh)	TOTAL (Wh)
Jan	0	0	0
Feb	0	0	0
Mar	0	0	0
Apr	0	67318	67318
May	0	93087	93087
Jun	0	427861	427861
Jul	0	678710	678710
Aug	0	494471	494471
Sep	0	330000	330000
Oct	0	103773	103773
Nov	0	7542	7542
Dec	0	6180	6180
TOTAL	0	2208944	2208944
PER M	0	34515	34515
Floor Area:	64.000 m2		

T-RC-1

Zone: B-2F-E
Operation: Weekdays 19-07, Weekends 00-24.
Thermostat Settings: 10.0 - 26.0 C
Max Heating: 0.0 C - No Heating.
Max Cooling: 6444 W at 20:00 on 27th July

MONTH	HEATING (Wh)	COOLING (Wh)	TOTAL (Wh)
Jan	0	0	0
Feb	0	0	0
Mar	0	0	0
Apr	0	83439	83439
May	0	114042	114042
Jun	0	598683	598683
Jul	0	933787	933787
Aug	0	637048	637048
Sep	0	446091	446091
Oct	0	149717	149717
Nov	0	5550	5550
Dec	0	0	0
TOTAL	0	2968357	2968357
PER M	0	46381	46381
Floor Area:	64.000 m2		

T-RC-2

Zone: B-2F-E
Operation: Weekdays 19-07, Weekends 00-24.
Thermostat Settings: 10.0 - 26.0 C
Max Heating: 0.0 C - No Heating.
Max Cooling: 4908 W at 20:00 on 27th July

MONTH	HEATING (Wh)	COOLING (Wh)	TOTAL (Wh)
Jan	0	0	0
Feb	0	0	0
Mar	0	0	0
Apr	0	67486	67486
May	0	93040	93040
Jun	0	427774	427774
Jul	0	678156	678156
Aug	0	494153	494153
Sep	0	329757	329757
Oct	0	103925	103925
Nov	0	7574	7574
Dec	0	6232	6232
TOTAL	0	2208098	2208098
PER M	0	34502	34502
Floor Area:	64.000 m2		

T-RC-1

Zone: C-2F-M
Operation: Weekdays 19-07, Weekends 00-24.
Thermostat Settings: 10.0 - 26.0 C
Max Heating: 0.0 C - No Heating.
Max Cooling: 6237 W at 20:00 on 27th July

MONTH	HEATING (Wh)	COOLING (Wh)	TOTAL (Wh)
Jan	0	0	0
Feb	0	0	0
Mar	0	0	0
Apr	0	74537	74537
May	0	104486	104486
Jun	0	532625	532625
Jul	0	841096	841096
Aug	0	589040	589040
Sep	0	406156	406156
Oct	0	132093	132093
Nov	0	5185	5185
Dec	0	0	0
TOTAL	0	2685217	2685217
PER M	0	41957	41957
Floor Area:	64.000 m2		

T-RC-2

Zone: C-2F-M
Operation: Weekdays 19-07, Weekends 00-24.
Thermostat Settings: 10.0 - 26.0 C
Max Heating: 0.0 C - No Heating.
Max Cooling: 5407 W at 20:00 on 27th July

MONTH	HEATING (Wh)	COOLING (Wh)	TOTAL (Wh)
Jan	0	0	0
Feb	0	0	0
Mar	0	0	0
Apr	0	68176	68176
May	0	96457	96457
Jun	0	437840	437840
Jul	0	700627	700627
Aug	0	514276	514276
Sep	0	339824	339824
Oct	0	106610	106610
Nov	0	7551	7551
Dec	0	6178	6178
TOTAL	0	2277539	2277539
PER M	0	35587	35587
Floor Area:	64.000 m2		

T-RC-1

Zone: C-2F-W
Operation: Weekdays 19-07, Weekends 00-24.
Thermostat Settings: 10.0 - 26.0 C
Max Heating: 0.0 C - No Heating.
Max Cooling: 6848 W at 20:00 on 27th July

MONTH	HEATING (Wh)	COOLING (Wh)	TOTAL (Wh)
Jan	0	0	0
Feb	0	0	0
Mar	0	0	0
Apr	0	81262	81262
May	0	112438	112438
Jun	0	599367	599367
Jul	0	942565	942565
Aug	0	641165	641165
Sep	0	447551	447551
Oct	0	144491	144491
Nov	0	5165	5165
Dec	0	0	0
TOTAL	0	2974003	2974003
PER M	0	46469	46469
Floor Area:	64.000 m2		

T-RC-2

Zone: C-2F-W
Operation: Weekdays 19-07, Weekends 00-24.
Thermostat Settings: 10.0 - 26.0 C
Max Heating: 0.0 C - No Heating.
Max Cooling: 4921 W at 20:00 on 27th July

MONTH	HEATING (Wh)	COOLING (Wh)	TOTAL (Wh)
Jan	0	0	0
Feb	0	0	0
Mar	0	0	0
Apr	0	67395	67395
May	0	93167	93167
Jun	0	428080	428080
Jul	0	679138	679138
Aug	0	494905	494905
Sep	0	330269	330269
Oct	0	103828	103828
Nov	0	7556	7556
Dec	0	6201	6201
TOTAL	0	2210540	2210540
PER M	0	34540	34540
Floor Area:	64.000 m2		

T-RC-1

Zone: C-2F-E
Operation: Weekdays 19-07, Weekends 00-24.
Thermostat Settings: 10.0 - 26.0 C
Max Heating: 0.0 C - No Heating.
Max Cooling: 6439 W at 20:00 on 27th July

MONTH	HEATING (Wh)	COOLING (Wh)	TOTAL (Wh)
Jan	0	0	0
Feb	0	0	0
Mar	0	0	0
Apr	0	84417	84417
May	0	114063	114063
Jun	0	598391	598391
Jul	0	933503	933503
Aug	0	637018	637018
Sep	0	445861	445861
Oct	0	149601	149601
Nov	0	5595	5595
Dec	0	1567	1567
TOTAL	0	2970016	2970016
PER M	0	46406	46406
Floor Area:	64.000 m2		

T-RC-2

Zone: C-2F-E
Operation: Weekdays 19-07, Weekends 00-24.
Thermostat Settings: 10.0 - 26.0 C
Max Heating: 0.0 C - No Heating.
Max Cooling: 4910 W at 20:00 on 27th July

MONTH	HEATING (Wh)	COOLING (Wh)	TOTAL (Wh)
Jan	0	0	0
Feb	0	0	0
Mar	0	0	0
Apr	0	67571	67571
May	0	93127	93127
Jun	0	428024	428024
Jul	0	678624	678624
Aug	0	494625	494625
Sep	0	330048	330048
Oct	0	104011	104011
Nov	0	7587	7587
Dec	0	6254	6254
TOTAL	0	2209873	2209873
PER M	0	34529	34529
Floor Area:	64.000 m2		

（三）測試三

i_0_T_RC

```
Zone: W-2F
Operation: Weekdays 19-07, Weekends 00-24.
Thermostat Settings: 10.0 - 26.0 C
Max Heating: 0.0 C - No Heating.
Max Cooling: 6868 W at 20:00 on 27th July
```

MONTH	HEATING (Wh)	COOLING (Wh)	TOTAL (Wh)
Jan	0	0	0
Feb	0	0	0
Mar	0	0	0
Apr	0	81294	81294
May	0	112520	112520
Jun	0	600024	600024
Jul	0	943211	943211
Aug	0	641511	641511
Sep	0	447939	447939
Oct	0	144814	144814
Nov	0	5134	5134
Dec	0	0	0
TOTAL	0	2976447	2976447
PER M	0	46507	46507
Floor Area:	64.000 m2		

i_2.5_T_RC

```
Zone: W-2F
Operation: Weekdays 19-07, Weekends 00-24.
Thermostat Settings: 10.0 - 26.0 C
Max Heating: 0.0 C - No Heating.
Max Cooling: 4921 W at 20:00 on 27th July
```

MONTH	HEATING (Wh)	COOLING (Wh)	TOTAL (Wh)
Jan	0	0	0
Feb	0	0	0
Mar	0	0	0
Apr	0	67383	67383
May	0	93125	93125
Jun	0	428032	428032
Jul	0	678889	678889
Aug	0	494608	494608
Sep	0	330141	330141
Oct	0	103817	103817
Nov	0	7556	7556
Dec	0	6186	6186
TOTAL	0	2209737	2209737
PER M	0	34527	34527
Floor Area:	64.000 m2		

i_5_T_RC

```
Zone: W-2F
Operation: Weekdays 19-07, Weekends 00-24.
Thermostat Settings: 10.0 - 26.0 C
Max Heating: 0.0 C - No Heating.
Max Cooling: 4882 W at 20:00 on 27th July
```

MONTH	HEATING (Wh)	COOLING (Wh)	TOTAL (Wh)
Jan	0	0	0
Feb	0	0	0
Mar	0	0	0
Apr	0	66887	66887
May	0	92770	92770
Jun	0	424230	424230
Jul	0	673138	673138
Aug	0	492285	492285
Sep	0	327499	327499
Oct	0	102940	102940
Nov	0	7553	7553
Dec	0	6230	6230
TOTAL	0	2193531	2193531
PER M	0	34274	34274
Floor Area:	64.000 m2		

i_0_B_RC

```
Zone: W-2F
Operation: Weekdays 19-07, Weekends 00-24.
Thermostat Settings: 10.0 - 26.0 C
Max Heating: 0.0 C - No Heating.
Max Cooling: 5153 W at 20:00 on 27th July
```

MONTH	HEATING (Wh)	COOLING (Wh)	TOTAL (Wh)
Jan	0	0	0
Feb	0	0	0
Mar	0	0	0
Apr	0	66543	66543
May	0	92689	92689
Jun	0	473295	473295
Jul	0	750153	750153
Aug	0	534068	534068
Sep	0	362006	362006
Oct	0	115399	115399
Nov	0	4952	4952
Dec	0	0	0
TOTAL	0	2399104	2399104
PER M	0	37486	37486
Floor Area:	64.000 m2		

i_2.5_B_RC

Zone: W-2F
Operation: Weekdays 19-07, Weekends 00-24.
Thermostat Settings: 10.0 - 26.0 C
Max Heating: 0.0 C - No Heating.
Max Cooling: 4812 W at 20:00 on 27th July

MONTH	HEATING (Wh)	COOLING (Wh)	TOTAL (Wh)
Jan	0	0	0
Feb	0	0	0
Mar	0	0	0
Apr	0	66407	66407
May	0	92118	92118
Jun	0	422722	422722
Jul	0	672176	672176
Aug	0	491500	491500
Sep	0	327104	327104
Oct	0	102302	102302
Nov	0	7549	7549
Dec	0	6187	6187
TOTAL	0	2188065	2188065
PER M	0	34189	34189
Floor Area:	64.000 m2		

i_5_B_RC

Zone: W-2F
Operation: Weekdays 19-07, Weekends 00-24.
Thermostat Settings: 10.0 - 26.0 C
Max Heating: 0.0 C - No Heating.
Max Cooling: 4822 W at 20:00 on 27th July

MONTH	HEATING (Wh)	COOLING (Wh)	TOTAL (Wh)
Jan	0	0	0
Feb	0	0	0
Mar	0	0	0
Apr	0	66366	66366
May	0	92218	92218
Jun	0	421463	421463
Jul	0	670380	670380
Aug	0	491237	491237
Sep	0	326432	326432
Oct	0	102119	102119
Nov	0	7561	7561
Dec	0	6287	6287
TOTAL	0	2184062	2184062
PER M	0	34126	34126
Floor Area:	64.000 m2		

i_0_B_CMU

Zone: W-2F
Operation: Weekdays 19-07, Weekends 00-24.
Thermostat Settings: 10.0 - 26.0 C
Max Heating: 0.0 C - No Heating.
Max Cooling: 4802 W at 20:00 on 27th July

MONTH	HEATING (Wh)	COOLING (Wh)	TOTAL (Wh)
Jan	0	0	0
Feb	0	0	0
Mar	0	0	0
Apr	0	62330	62330
May	0	92783	92783
Jun	0	437357	437357
Jul	0	695087	695087
Aug	0	501620	501620
Sep	0	334925	334925
Oct	0	103909	103909
Nov	0	7400	7400
Dec	0	2056	2056
TOTAL	0	2237467	2237467
PER M	0	34960	34960
Floor Area:	64.000 m2		

i_2.5_B_CMU

Zone: W-2F
Operation: Weekdays 19-07, Weekends 00-24.
Thermostat Settings: 10.0 - 26.0 C
Max Heating: 0.0 C - No Heating.
Max Cooling: 4789 W at 20:00 on 27th July

MONTH	HEATING (Wh)	COOLING (Wh)	TOTAL (Wh)
Jan	0	0	0
Feb	0	0	0
Mar	0	0	0
Apr	0	66021	66021
May	0	91537	91537
Jun	0	420274	420274
Jul	0	668035	668035
Aug	0	488290	488290
Sep	0	324516	324516
Oct	0	101291	101291
Nov	0	7547	7547
Dec	0	6180	6180
TOTAL	0	2173690	2173690
PER M	0	33964	33964
Floor Area:	64.000 m2		

i_5_B_CMU

Zone: W-2F
Operation: Weekdays 19-07, Weekends 00-24.
Thermostat Settings: 10.0 - 26.0 C
Max Heating: 0.0 C - No Heating.
Max Cooling: 4814 W at 20:00 on 27th July

MONTH	HEATING (Wh)	COOLING (Wh)	TOTAL (Wh)
Jan	0	0	0
Feb	0	0	0
Mar	0	0	0
Apr	0	66207	66207
May	0	91860	91860
Jun	0	419973	419973
Jul	0	667492	667492
Aug	0	488976	488976
Sep	0	324753	324753
Oct	0	101574	101574
Nov	0	7556	7556
Dec	0	6264	6264
TOTAL	0	2174655	2174655
PER M	0	33979	33979
Floor Area:	64.000 m2		

i_0_B_MTL

Zone: W-2F
Operation: Weekdays 19-07, Weekends 00-24.
Thermostat Settings: 10.0 - 26.0 C
Max Heating: 0.0 C - No Heating.
Max Cooling: 5594 W at 20:00 on 27th July

MONTH	HEATING (Wh)	COOLING (Wh)	TOTAL (Wh)
Jan	0	0	0
Feb	0	0	0
Mar	0	0	0
Apr	0	71840	71840
May	0	101029	101029
Jun	0	493425	493425
Jul	0	775411	775411
Aug	0	545614	545614
Sep	0	373757	373757
Oct	0	118978	118978
Nov	0	8021	8021
Dec	0	4702	4702
TOTAL	0	2492777	2492777
PER M	0	38950	38950
Floor Area:	64.000 m2		

i_7.5_B_MTL

Zone: W-2F
Operation: Weekdays 19-07, Weekends 00-24.
Thermostat Settings: 10.0 - 26.0 C
Max Heating: 0.0 C - No Heating.
Max Cooling: 5011 W at 20:00 on 27th July

MONTH	HEATING (Wh)	COOLING (Wh)	TOTAL (Wh)
Jan	0	0	0
Feb	0	0	0
Mar	0	0	0
Apr	0	68478	68478
May	0	94607	94607
Jun	0	435846	435846
Jul	0	691109	691109
Aug	0	501925	501925
Sep	0	335986	335986
Oct	0	105947	105947
Nov	0	7566	7566
Dec	0	6205	6205
TOTAL	0	2247670	2247670
PER M	0	35120	35120
Floor Area:	64.000 m2		

i_15_B_MTL

Zone: W-2F
Operation: Weekdays 19-07, Weekends 00-24.
Thermostat Settings: 10.0 - 26.0 C
Max Heating: 0.0 C - No Heating.
Max Cooling: 4926 W at 20:00 on 27th July

MONTH	HEATING (Wh)	COOLING (Wh)	TOTAL (Wh)
Jan	0	0	0
Feb	0	0	0
Mar	0	0	0
Apr	0	67465	67465
May	0	93612	93612
Jun	0	428746	428746
Jul	0	680254	680254
Aug	0	496536	496536
Sep	0	330888	330888
Oct	0	104226	104226
Nov	0	7552	7552
Dec	0	6219	6219
TOTAL	0	2215498	2215498
PER M	0	34617	34617
Floor Area:	64.000 m2		

（四）不同外牆系統對建築單元耗能原始數據

T-RC-1

Zone: W-2F
Operation: Weekdays 19-07, Weekends 00-24.
Thermostat Settings: 10.0 - 26.0 C
Max Heating: 0.0 C - No Heating.
Max Cooling: 6866 W at 20:00 on 27th July

MONTH	HEATING (Wh)	COOLING (Wh)	TOTAL (Wh)
Jan	0	0	0
Feb	0	0	0
Mar	0	0	0
Apr	0	81201	81201
May	0	112457	112457
Jun	0	599699	599699
Jul	0	942826	942826
Aug	0	641210	641210
Sep	0	447662	447662
Oct	0	144737	144737
Nov	0	5123	5123
Dec	0	0	0
TOTAL	0	2974914	2974914
PER M	0	46483	46483
Floor Area:	64.000 m2		

T-RC-2

Zone: W-2F
Operation: Weekdays 19-07, Weekends 00-24.
Thermostat Settings: 10.0 - 26.0 C
Max Heating: 0.0 C - No Heating.
Max Cooling: 4921 W at 20:00 on 27th July

MONTH	HEATING (Wh)	COOLING (Wh)	TOTAL (Wh)
Jan	0	0	0
Feb	0	0	0
Mar	0	0	0
Apr	0	67318	67318
May	0	93087	93087
Jun	0	427861	427861
Jul	0	678710	678710
Aug	0	494471	494471
Sep	0	330000	330000
Oct	0	103773	103773
Nov	0	7542	7542
Dec	0	6180	6180
TOTAL	0	2208944	2208944
PER M	0	34515	34515
Floor Area:	64.000 m2		

B-RC-1

Zone: W-2F
Operation: Weekdays 19-07, Weekends 00-24.
Thermostat Settings: 10.0 - 26.0 C
Max Heating: 0.0 C - No Heating.
Max Cooling: 5153 W at 20:00 on 27th July

MONTH	HEATING (Wh)	COOLING (Wh)	TOTAL (Wh)
Jan	0	0	0
Feb	0	0	0
Mar	0	0	0
Apr	0	66543	66543
May	0	92689	92689
Jun	0	473295	473295
Jul	0	750153	750153
Aug	0	534068	534068
Sep	0	362006	362006
Oct	0	115399	115399
Nov	0	4952	4952
Dec	0	0	0
TOTAL	0	2399104	2399104
PER M	0	37486	37486
Floor Area:	64.000 m2		

B-RC-2

Zone: W-2F
Operation: Weekdays 19-07, Weekends 00-24.
Thermostat Settings: 10.0 - 26.0 C
Max Heating: 0.0 C - No Heating.
Max Cooling: 4812 W at 20:00 on 27th July

MONTH	HEATING (Wh)	COOLING (Wh)	TOTAL (Wh)
Jan	0	0	0
Feb	0	0	0
Mar	0	0	0
Apr	0	66407	66407
May	0	92118	92118
Jun	0	422722	422722
Jul	0	672176	672176
Aug	0	491500	491500
Sep	0	327104	327104
Oct	0	102302	102302
Nov	0	7549	7549
Dec	0	6187	6187
TOTAL	0	2188065	2188065
PER M	0	34189	34189
Floor Area:	64.000 m2		

B-MTL-2

Zone: W-2F
Operation: Weekdays 19-07, Weekends 00-24.
Thermostat Settings: 10.0 - 26.0 C
Max Heating: 0.0 C - No Heating.
Max Cooling: 4926 W at 20:00 on 27th July

MONTH	HEATING (Wh)	COOLING (Wh)	TOTAL (Wh)
Jan	0	0	0
Feb	0	0	0
Mar	0	0	0
Apr	0	67465	67465
May	0	93612	93612
Jun	0	428746	428746
Jul	0	680254	680254
Aug	0	496536	496536
Sep	0	330888	330888
Oct	0	104226	104226
Nov	0	7552	7552
Dec	0	6219	6219
TOTAL	0	2215498	2215498
PER M	0	34617	34617
Floor Area:	64.000 m2		

B-CMU-1

Zone: W-2F
Operation: Weekdays 19-07, Weekends 00-24.
Thermostat Settings: 10.0 - 26.0 C
Max Heating: 0.0 C - No Heating.
Max Cooling: 4802 W at 20:00 on 27th July

MONTH	HEATING (Wh)	COOLING (Wh)	TOTAL (Wh)
Jan	0	0	0
Feb	0	0	0
Mar	0	0	0
Apr	0	62330	62330
May	0	92783	92783
Jun	0	437357	437357
Jul	0	695087	695087
Aug	0	501620	501620
Sep	0	334925	334925
Oct	0	103909	103909
Nov	0	7400	7400
Dec	0	2056	2056
TOTAL	0	2237467	2237467
PER M	0	34960	34960
Floor Area:	64.000 m2		

B-CMU-2

Zone: W-2F
Operation: Weekdays 19-07, Weekends 00-24.
Thermostat Settings: 10.0 - 26.0 C
Max Heating: 0.0 C - No Heating.
Max Cooling: 4789 W at 20:00 on 27th July

MONTH	HEATING (Wh)	COOLING (Wh)	TOTAL (Wh)
Jan	0	0	0
Feb	0	0	0
Mar	0	0	0
Apr	0	66021	66021
May	0	91537	91537
Jun	0	420274	420274
Jul	0	668035	668035
Aug	0	488290	488290
Sep	0	324516	324516
Oct	0	101291	101291
Nov	0	7547	7547
Dec	0	6180	6180
TOTAL	0	2173690	2173690
PER M	0	33964	33964
Floor Area:	64.000 m2		

B-BRK-1

Zone: W-2F
Operation: Weekdays 19-07, Weekends 00-24.
Thermostat Settings: 10.0 - 26.0 C
Max Heating: 0.0 C - No Heating.
Max Cooling: 5493 W at 20:00 on 27th July

MONTH	HEATING (Wh)	COOLING (Wh)	TOTAL (Wh)
Jan	0	0	0
Feb	0	0	0
Mar	0	0	0
Apr	0	70288	70288
May	0	100881	100881
Jun	0	495216	495216
Jul	0	785512	785512
Aug	0	555623	555623
Sep	0	379653	379653
Oct	0	122176	122176
Nov	0	5000	5000
Dec	0	0	0
TOTAL	0	2514349	2514349
PER M	0	39287	39287
Floor Area:	64.000 m2		

B-BRK-2

Zone: W-2F
Operation: Weekdays 19-07, Weekends 00-24.
Thermostat Settings: 10.0 - 26.0 C
Max Heating: 0.0 C - No Heating.
Max Cooling: 4854 W at 20:00 on 27th July

MONTH	HEATING (Wh)	COOLING (Wh)	TOTAL (Wh)
Jan	0	0	0
Feb	0	0	0
Mar	0	0	0
Apr	0	66876	66876
May	0	92831	92831
Jun	0	425985	425985
Jul	0	676942	676942
Aug	0	494593	494593
Sep	0	329396	329396
Oct	0	103256	103256
Nov	0	7548	7548
Dec	0	6184	6184
TOTAL	0	2203611	2203611
PER M	0	34431	34431
Floor Area:	64.000 m2		

R-AL-RC-1

Zone: W-2F
Operation: Weekdays 19-07, Weekends 00-24.
Thermostat Settings: 10.0 - 26.0 C
Max Heating: 0.0 C - No Heating.
Max Cooling: 5789 W at 20:00 on 27th July

MONTH	HEATING (Wh)	COOLING (Wh)	TOTAL (Wh)
Jan	0	0	0
Feb	0	0	0
Mar	0	0	0
Apr	0	69704	69704
May	0	97721	97721
Jun	0	518176	518176
Jul	0	816785	816785
Aug	0	564694	564694
Sep	0	384164	384164
Oct	0	121121	121121
Nov	0	4909	4909
Dec	0	0	0
TOTAL	0	2577274	2577274
PER M	0	40270	40270
Floor Area:	64.000 m2		

R-AL-RC-2

Zone: W-2F
Operation: Weekdays 19-07, Weekends 00-24.
Thermostat Settings: 10.0 - 26.0 C
Max Heating: 0.0 C - No Heating.
Max Cooling: 4840 W at 20:00 on 27th July

MONTH	HEATING (Wh)	COOLING (Wh)	TOTAL (Wh)
Jan	0	0	0
Feb	0	0	0
Mar	0	0	0
Apr	0	66627	66627
May	0	92319	92319
Jun	0	423957	423957
Jul	0	674065	674065
Aug	0	492205	492205
Sep	0	327843	327843
Oct	0	102701	102701
Nov	0	7550	7550
Dec	0	6187	6187
TOTAL	0	2193453	2193453
PER M	0	34273	34273
Floor Area:	64.000 m2		

R-AL-MTL-2

Zone: W-2F
Operation: Weekdays 19-07, Weekends 00-24.
Thermostat Settings: 10.0 - 26.0 C
Max Heating: 0.0 C - No Heating.
Max Cooling: 4948 W at 20:00 on 27th July

MONTH	HEATING (Wh)	COOLING (Wh)	TOTAL (Wh)
Jan	0	0	0
Feb	0	0	0
Mar	0	0	0
Apr	0	68349	68349
May	0	93979	93979
Jun	0	432266	432266
Jul	0	684407	684407
Aug	0	498226	498226
Sep	0	332689	332689
Oct	0	104875	104875
Nov	0	7760	7760
Dec	0	6510	6510
TOTAL	0	2229061	2229061
PER M	0	34829	34829
Floor Area:	64.000 m2		

R-AL-CMU-1

Zone: W-2F
Operation: Weekdays 19-07, Weekends 00-24.
Thermostat Settings: 10.0 - 26.0 C
Max Heating: 0.0 C - No Heating.
Max Cooling: 5090 W at 20:00 on 27th July

MONTH	HEATING (Wh)	COOLING (Wh)	TOTAL (Wh)
Jan	0	0	0
Feb	0	0	0
Mar	0	0	0
Apr	0	65751	65751
May	0	96873	96873
Jun	0	459582	459582
Jul	0	728484	728484
Aug	0	523139	523139
Sep	0	352668	352668
Oct	0	112156	112156
Nov	0	7371	7371
Dec	0	0	0
TOTAL	0	2346024	2346024
PER M	0	36657	36657
Floor Area:	64.000 m2		

R-AL-CMU-2

Zone: W-2F
Operation: Weekdays 19-07, Weekends 00-24.
Thermostat Settings: 10.0 - 26.0 C
Max Heating: 0.0 C - No Heating.
Max Cooling: 4813 W at 20:00 on 27th July

MONTH	HEATING (Wh)	COOLING (Wh)	TOTAL (Wh)
Jan	0	0	0
Feb	0	0	0
Mar	0	0	0
Apr	0	66348	66348
May	0	91916	91916
Jun	0	421663	421663
Jul	0	669914	669914
Aug	0	489862	489862
Sep	0	325884	325884
Oct	0	101981	101981
Nov	0	7546	7546
Dec	0	6172	6172
TOTAL	0	2181285	2181285
PER M	0	34083	34083
Floor Area:	64.000 m2		

R-WD-RC-1

Zone: W-2F
Operation: Weekdays 19-07, Weekends 00-24.
Thermostat Settings: 10.0 - 26.0 C
Max Heating: 0.0 C - No Heating.
Max Cooling: 5467 W at 20:00 on 27th July

MONTH	HEATING (Wh)	COOLING (Wh)	TOTAL (Wh)
Jan	0	0	0
Feb	0	0	0
Mar	0	0	0
Apr	0	69884	69884
May	0	97747	97747
Jun	0	483043	483043
Jul	0	765962	765962
Aug	0	541088	541088
Sep	0	372378	372378
Oct	0	118858	118858
Nov	0	5030	5030
Dec	0	0	0
TOTAL	0	2453987	2453987
PER M	0	38344	38344
Floor Area:	64.000 m2		

R-WD-RC-2

Zone: W-2F
Operation: Weekdays 19-07, Weekends 00-24.
Thermostat Settings: 10.0 - 26.0 C
Max Heating: 0.0 C - No Heating.
Max Cooling: 4859 W at 20:00 on 27th July

MONTH	HEATING (Wh)	COOLING (Wh)	TOTAL (Wh)
Jan	0	0	0
Feb	0	0	0
Mar	0	0	0
Apr	0	66956	66956
May	0	92706	92706
Jun	0	425079	425079
Jul	0	675924	675924
Aug	0	493775	493775
Sep	0	329422	329422
Oct	0	103462	103462
Nov	0	7556	7556
Dec	0	6226	6226
TOTAL	0	2201107	2201107
PER M	0	34392	34392
Floor Area:	64.000 m2		

R-WD-MTL-2

Zone: W-2F
Operation: Weekdays 19-07, Weekends 00-24.
Thermostat Settings: 10.0 - 26.0 C
Max Heating: 0.0 C - No Heating.
Max Cooling: 4974 W at 20:00 on 27th July

MONTH	HEATING (Wh)	COOLING (Wh)	TOTAL (Wh)
Jan	0	0	0
Feb	0	0	0
Mar	0	0	0
Apr	0	68197	68197
May	0	93977	93977
Jun	0	431807	431807
Jul	0	684061	684061
Aug	0	498191	498191
Sep	0	332500	332500
Oct	0	104639	104639
Nov	0	7661	7661
Dec	0	6408	6408
TOTAL	0	2227442	2227442
PER M	0	34804	34804
Floor Area:	64.000 m2		

R-WD-CMU-1

Zone: W-2F
Operation: Weekdays 19-07, Weekends 00-24.
Thermostat Settings: 10.0 - 26.0 C
Max Heating: 0.0 C - No Heating.
Max Cooling: 4947 W at 20:00 on 27th July

MONTH	HEATING (Wh)	COOLING (Wh)	TOTAL (Wh)
Jan	0	0	0
Feb	0	0	0
Mar	0	0	0
Apr	0	63903	63903
May	0	94860	94860
Jun	0	445236	445236
Jul	0	706078	706078
Aug	0	509579	509579
Sep	0	341820	341820
Oct	0	107393	107393
Nov	0	7411	7411
Dec	0	2071	2071
TOTAL	0	2278351	2278351
PER M	0	35599	35599
Floor Area:	64.000 m2		

R-WD-CMU-2

Zone: W-2F
Operation: Weekdays 19-07, Weekends 00-24.
Thermostat Settings: 10.0 - 26.0 C
Max Heating: 0.0 C - No Heating.
Max Cooling: 4814 W at 20:00 on 27th July

MONTH	HEATING (Wh)	COOLING (Wh)	TOTAL (Wh)
Jan	0	0	0
Feb	0	0	0
Mar	0	0	0
Apr	0	66352	66352
May	0	91932	91932
Jun	0	421601	421601
Jul	0	669824	669824
Aug	0	489876	489876
Sep	0	325862	325862
Oct	0	101980	101980
Nov	0	7547	7547
Dec	0	6179	6179
TOTAL	0	2181154	2181154
PER M	0	34081	34081
Floor Area:	64.000 m2		

國家圖書館出版品預行編目資料

清水磚外牆的永續設計 / 畢光建著. -- 初版. --
新北市：淡大出版中心, 2013.03
面：公分
ISBN 978-986-5982-23-2 (平裝)
1.建築物構造
441.551   102004775

專業叢書 PS002   ISBN 978-986-5982-23-2

清水磚外牆的永續設計

作　　者　畢光建 著
美術編輯　陳馨怡

發 行 人　張家宜
社　　長　林信成
總 編 輯　吳秋霞
執行編輯　張瑜倫
出版者　　淡江大學出版中心
　　　　　地址：25137 新北市淡水區英專路151號
　　　　　電話：02-86318661/傳真：02-86318660
總 經 銷　紅螞蟻圖書有限公司
　　　　　地址：台北市114內湖區舊宗路2段121巷19號
　　　　　電話：02-27953656/傳真：02-27954100
印 刷 廠　中茂分色製版有限公司
出版日期　2015年1月 一版三刷
定　　價　380元